AFRIKAS ELEFANTEN

REINHARD KÜNKEL

AFRIKAS ELEFANTEN

VILLA ARCENO

Die Deutsche Bibliothek – CIP Einheitsaufnahme
Künkel, Reinhard: Afrikas Elefanten/Reinhard Künkel.
[Übers.: Ilse Rothfuss].–
München: Frederking & Thaler, 1999 (Villa Arceno)
Einheitssacht.: African elephants ‹dt.›
ISBN 3-89405-510-3

Erschienen in England bei The Harvill Press, London
Originaltitel: *African Elephants*

veröffentlicht in der Edition »Villa Arceno«
Veränderte und erweiterte Neuauflage des
1981 bei Hoffmann und Campe erschienenen
Titels *Elefanten – Afrikas freundliche Riesen*

Übersetzung der neuen Texte aus dem Englischen,
S. 6–11 und S. 84–95: Ilse Rothfuss, München
Lektorat: Dagmar Lutz und Joachim Nagel, München
Herstellung und Satz: Caroline Sieveking, München
Umschlaggestaltung: Petra Dorkenwald, München
Druck und Bindung: Mariogros Industrie Grafiche, Turin
Printed in Italy
ISBN 3-89405-510-3

Umwelthinweis: Das Papier wurde aus chlorfrei gebleichtem Zellstoff hergestellt und enthält keine Aufheller. Die Einschweißfolie – zum Schutz vor Verschmutzung – ist aus umweltfreundlichem und recyclingfähigem PE-Material.

INHALT

Danksagung 6
Vorwort 10

Afrikanischer Morgen 13
Flucht nach vorn 16
Salz und Pfeffer 18
Der gestürzte Baum 23
Seeungeheuer 27
Zu Tode geschält 30
Die fünf Bullen 33
Höhere Gewalt 36
Recht und Ordnung 39
Ein Kampf und sein Siegespreis 42
Neu im Busch 45
Der Ersatzfeind 51
Besuch auf dem Kühler 54
Kleiner Zwischenfall 56
Auf der Veranda 60
An der Tränke 62
Pfeilspitze mit Federn 69
Natürliche Feinde 74
Der erste Regen 76
Die Ohren sind nicht nur zum Hören da 79
Spuren der Vergangenheit 84
Schritte in die Zukunft 90

Bildteil 97

DANKSAGUNG

Für Lala

Dieses Buch ist außerdem dem Gedächtnis zweier Freunde gewidmet, Eckart Müller und Maleko, die Kontinente voneinander entfernt lebten, jedoch beide die Gabe besaßen, die Menschen um sich herum mit Wärme und Humor zu beflügeln.

Ich habe soeben die Danksagung für eine frühere Fassung dieses Buches noch einmal gelesen. Dort werden Hilfe und Unterstützung gewürdigt, die ich von vielen Menschen in Tansania während meiner Arbeit an den *Elefanten* erhielt. Seitdem habe ich an zahlreichen anderen Projekten teilgenommen, darunter einem Film über Elefanten. Bei diesen Vorhaben wurde mir weitere Hilfe und Rat zuteil. Ich möchte daher die Gelegenheit nützen, hier all jenen zu danken, die über Jahre hinweg meine Arbeit in Tansanias wunderbaren Nationalparks und Wildtier-Reservaten unterstützt haben – dem wahren Erbe Afrikas und der ganzen Menschheit.

Die Wiege der Menschheit mag von ihren Ureinwohnern verlassen worden sein, aber der Umstand, daß diese spektakuläre Landschaft sich kaum verändert hat, seit die Menschheit dort ihre ersten Schritte machte, bedeutet eine zusätzliche Faszination für mich, wenn ich dieselben Wildtiere zu porträtieren versuche, die vielleicht schon jene ersten Hominiden kannten, die vor 3,6 Millionen Jahren in Laetoli ihre Fußabdrücke hinterließen. Ich bin seit langer Zeit zu Gast in diesem Land, und über die Jahre gaben mir viele Menschen dort das kostbare Gefühl, willkommen zu sein. Und ich bin immer noch froh über jeden Tag, den ich in der Wildnis verbringen darf. Mein aufrichtiger Dank geht an die tansanische Regierung und ihre Behörden, die mir so großzügig gestattet haben, mit meinen Kameras diesen Ur-Teil ihres Landes zu durchstreifen, der von dem schönsten Wildreichtum der Welt belebt wird.

Die Reihe der Personen, denen ich Dank schulde, ist so lang, daß ich nicht alle einzeln erwähnen kann. Ich denke dabei an jene, die mich aus Schlammlöchern befreit oder mit einer Tasse heißem Tee bewirtet oder mir nur einfach im Vorübergehen zugelächelt haben. Ich erinnere mich zum Beispiel an einen kleinen Hirtenjungen, der sich eines Tages zu mir gesellte und mir bei einem Lunch Gesellschaft leistete, der sonst sehr einsam gewesen wäre. Nur mit einem Speer und einem Herzen voller Mut und Tapferkeit bewaffnet, trieb er seine Tiere über die endlose Savanne. Wir hatten keine gemeinsame Sprache, aber die Tatsache, daß wir eine kurze Zeitspanne Land und Himmel miteinander teilten, machte uns zu Freunden. Er half mir zu verstehen.

Ich kann an dieser Stelle nicht nochmals all diejenigen nennen, die ich bereits in der ersten Ausgabe erwähnt habe. Einige von ihnen haben diese Welt verlassen, andere sind weitergezogen. Ich denke jedoch noch immer an sie und hoffe, daß ich meinen Dank mit den Bildern und Betrachtungen über ihre Elefanten in diesem Buch abstatten kann.

Genannt seien hingegen die Namen einiger Personen, ohne deren Unterstützung mein neues Elefantenprojekt nicht realisierbar gewesen wäre, insbesondere Mr. E. Chausi, der Konservator der Ngorongoro Conservation Area, der uns so mit soviel Wärme in seinem prächtigen Garten Eden, wie viele

Besucher den Ngorongoro-Krater nennen, wieder aufnahm, nachdem meine Frau und ich ein Jahr lang Leben und Tierwelt auf dem australischen Kontinent erforscht hatten. Das hatte großen Spaß gemacht, und wir gerieten sehr in Versuchung, dort zu bleiben, doch die Menschen in Ngorongoro und andere Freunde erleichterten uns die Entscheidung, unsere Arbeit in Tansania fortzusetzen.

In diesem Zusammenhang möchte ich auch Dr. Richard Faust, dem Präsidenten der Zoologischen Gesellschaft Frankfurt, und Dr. Markus Borner, ihrem Direktor in Tansania, danken. Beide Herren sind sehr darum bemüht, jene Pionierarbeit fortzuführen, die Professor Bernhard Grzimek zusammen mit seinem Sohn Michael schon vor Jahrzehnten begann und die sich im wesentlichen mit seinem berühmten Appell zusammenfassen läßt: »Serengeti darf nicht sterben!«

Aadje Geertsema und Margaret und Per Kullander haben uns gastfreundlich in ihrer Ndutu Safari Lodge in den Serengeti-Ebenen aufgenommen. Es ist ein wunderbares Zuhause, um die umliegende Steppe und Savanne, während der Regenzeit das Hauptgebiet der jährlichen Gnu-Wanderung, zu erforschen. Manchmal ziehen die Elefanten mitten durch den endlosen Garten der Natur, der sich vor unseren Fenstern ausbreitet – ein Anblick, der uns immer wieder von neuem erfreut. Wir danken unseren großzügigen Freunden.

Die Leute in der Ndutu Safari Lodge verwöhnen ihre Gäste nicht nur mit einer ganz besonderen Atmosphäre, sie halten auch unsere Autos in Schuß (was keine leichte Aufgabe ist!), sorgen für unser leibliches Wohl (Little John's Pfannkuchen sind die besten der Welt!) und helfen uns, mit den zahllosen kleinen Problemen fertig zu werden, die das Leben im Busch so mit sich bringt. Meinen Dank also an Leonard und Moody, Little John und Ndelay, Marcelli und Josef, Hamisi und Mirando, Bifa und Augustin – ich würde sie nur zu gern alle einzeln aufführen, doch ich fürchte, dann bliebe kein Platz mehr für die Elefanten. Deshalb sollen diese wenigen Namen stellvertretend für das große Ndutu-Team stehen. Danke euch allen.

Des weiteren geht mein Dank an Leonce und Mohamed und an Paul und Louise, die als Manager gerade rechtzeitig für die besonderen Herausforderungen einer langen El-Niño-Saison dazustießen. Wahrscheinlich ist nur wenigen Leuten, die auf Safari hier durchkommen, klar, welch einen Riesenaufwand an Organisation die Unterhaltung einer solchen Lodge mitten im Niemandsland erfordert. Es ist mehr als ein Fulltime-Job, der den Mitarbeitern das Äußerste an Energie, Kompetenz und Fantasie abverlangt. Mitunter ist allerdings eine solide Portion Galgenhumor die letzte Rettung...

Aadje und Margaret, wie sehr wissen wir euere Arbeit zu schätzen! So müssen wir uns nicht um die Logistik kümmern und können uns auf unsere eigentlichen Aufgaben beschränken, wie die Suche nach Elefanten. Gewiß, es sind große Tiere. Der Wald indes ist noch größer: Ganze Herden können in den Waldgebieten entlang der Olduvai-Schlucht einfach verschwinden, und tun es auch. Es ist wunderbar, freie Hand zu haben, um sie aufzustöbern. Noch einmal unseren herzlichsten Dank.

Barbie Allen hat meine Arbeit und dieses Buch wie immer mit ihrem ermutigenden Rat, Kraft und Humor unterstützt, ganz zu schweigen davon, daß sie im letzten Stadium der Produktion für ein Zuhause mit – äußerst wichtig – Kommunikationsanbindung gesorgt hat.

Reinhard »Leo« Künkel
Ndutu Safari Lodge
Ngorongoro Conservation Area
Tansania
Juni 1998

VORWORT

Elefanten sind die größten landbewohnenden Säugetiere auf unserem Planeten – einzigartige und faszinierende Geschöpfe, die uns mit Ehrfurcht, Neugier und Freude erfüllen. Mit Ruhe und Würde haben sie die Tiefen der Evolution durchwandert. Erst im letzten Zehntel dieser langen Zeitspanne mußten sie ihr Territorium mit unseren frühen Vorfahren teilen.

Als die menschliche Bevölkerungsexplosion ihren Anfang nahm, drifteten Elefantenzeit und Menschenzeit auseinander. Die Elefanten setzten ihre endlosen Wanderungen fort. Sie veränderten sich kaum. Wir dagegen wohl. Anfangs kaum wahrnehmbar, erlebte diese Entwicklung in den letzten »Erdzeit-Sekunden« eine Dynamik, die sich katastrophal auf die Elefanten auswirkte. Nachdem sie in Teilen ihres einstigen Lebensraumes bereits ausgerottet sind, läuft ihre Zeit nun rapide ab.

Vor einigen Monaten besuchte ich Freunde mit einer kleinen dreijährigen Tochter auf ihrer Farm. Während wir altes Farmer-Latein mit neuem Leben erfüllten, fiel mir auf, daß die Kleine mich unverwandt ansah. Ein paar Minuten später schaute ich wieder zu ihr hin. Ihr Blick war immer noch auf mich geheftet. Plötzlich zeigte sie mit ihrem winzigen Finger auf meine Brust. Erst da wurde mir klar, daß nicht ich ihre Aufmerksamkeit erregte, sondern der Elefant, der meinen Pullover zierte. Nun erzählte ich ihr von den gewaltigen und doch sanften Riesen in einem fernen, fernen Land... Ihre Augen wurden größer und größer, sie war völlig hingerissen.

Es bleibt zu hoffen, daß die Menschheit genügend Großmut und Kraft aufbringt, die kleinen Inseln Elefantenlandes zu retten, die in diesem Jahrhundert in Form von Nationalparks und Wildtier-Reservaten geschaffen wurden. Das dürfte allerdings nicht einfach werden, denn die Schockwellen jener stillen Explosion haben bereits diese letzten Ufer erreicht.

Die folgenden Aufzeichnungen und Bilder sind ein Versuch, einige Augenblicke dieser kostbaren Zeit für die Zukunft festzuhalten. Ohne die Elefanten und die außergewöhnliche Tierwelt, mit der sie ihre Umgebung teilen, wäre das Leben auf der Erde unendlich viel ärmer. Und unsere Kinder und Kindeskinder würden es uns nie verzeihen, wenn es eines Tages keine Elefanten mehr gäbe, die sie lieben könnten.

AFRIKANISCHER MORGEN

Die Sonne stand wenige Handbreit über dem toten Baum. Ihr gleißendes Licht schien den beiden Kronenkranichen, die ihre Schlafplätze noch nicht verlassen hatten, die Flügelspitzen zu verbrennen. Draußen auf dem See flatterte eine Kette von Pelikanen mit schweren Bewegungen zu ihren Fischgründen. Einige Impala-Böcke zogen am Ufer entlang. Der lichtüberflutete Wasserspiegel nahm ihren schlanken Gestalten Farbe und Gewicht und verwandelte sie zu grazilen Scherenschnitten, die durch flüssiges Silber staksten. Aus den Büschen löste sich ein Flußpferdbulle, trottete schwergewichtig über den Sand, ließ das Wasser aufspritzen, trompetete einmal hoch und fünfmal tief zu seinen Artgenossen hinüber und tauchte schließlich zwischen einer Gruppe dunkler Rücken unter, die sich hundert Meter vom Ufer entfernt aus den Wellen hoben. Den ganzen Tag würden die Hippos im Wasser verdösen und erst am Abend zur Futtersuche wieder an Land zurückkehren.

Ich saß auf dem Dach meines Landrovers, genoß die kühle Luft und das weiche Licht und ließ mein Fernglas durch den afrikanischen Morgen wandern. Die Elefanten waren während der Nacht die steilen Hänge des Grabenbruches hinaufgestiegen, die stellenweise bis zu achthundert Meter hoch über den Manyara-See aufragen. Eine Gruppe der Dickhäuter sah ich jetzt auf einer Kammlinie entlangwandern. Etwas weiter unterhalb entdeckte ich eine zweite Gruppe, die über einen steilen Pfad den Berg hinunterkletterte. Der klare Morgen versprach einen heißen Tag. Die Tiere verließen daher schon früh ihre nächtlichen Weidegründe, um vor dem Aufkommen der Hitze die Akazienwälder und Wasserstellen zu erreichen. An kühlen, regnerischen Tagen kehrten sie dagegen erst mittags von den Berghängen und -tälern in die Ebene zurück. Mit schwingenden Bewegungen und schlenkernden Rüsseln pendelten sie in dem abschüssigen Gelände ihr Gleichgewicht aus. Bei jedem Abwärtsschritt nickten sie mit dem Kopf, so daß ihnen die Ohren wie die Segel eines in Windstille dümpelnden Schiffes um die Schultern klatschten. Trotz des schwierigen und gefährlichen Abstieges schienen die Tiere völlig ruhig. Häufig blieben sie stehen, um sich Gräser und Blätter zusammenzurupfen. Ein junger Bulle nahm spielerisch einen langen Ast auf und kaute an einem Ende herum. Nur eine Kuh, die ein kleines Kalb führte, zeigte sich unruhig und aggressiv. Sie drückte einen halbwüchsigen Bullen, der vielleicht ihrem Kalb zu nahe gerückt war, mit einem kräftigen Schwung ihrer Stoßzähne so heftig zur Seite, daß er kurz den Halt verlor und einige Meter die Böschung hinunterrutschte.

Mehrmals legten die Elefanten, die wie übergroße Bergziegen durch das steile Hanggelände streiften, längere Futterpausen ein. Sie zerpflückten Büsche, gruben Wurzeln aus oder holten sich ganze Äste von den wenigen Bäumen, die hier noch Halt für ihre Wurzeln gefunden hatten. Als die Tiere sanfter abfallende Hügel erreichten, blieben sie zu einer kurzen Rast unter einem Affenbrotbaum stehen, vielleicht um sich von der Anstrengung auszuruhen oder auch, um das vor ihnen liegende Gelände zu prüfen, zogen dann aber mit schnellen Schritten, so als ob sie es plötzlich eilig hätten, das letzte Wegstück zum Akazienwald hinunter, in dessen Gewirr von Stämmen, Ästen, toten Bäumen, von Licht und Schatten sie schließlich verschwanden.

Ein paar Stunden später saß ich unter einem Baum auf dem Boden und genoß ein faszinierendes Schauspiel: Eine Herde von nahezu achtzig Elefanten zog, in mehrere Gruppen aufgeteilt, auf breiter Front durch den Akazienwald. Der Wind stand günstig, so daß den Tieren meine Witterung nicht in die Nase stieg. Die Elefanten wurden größer und größer, wuchsen zu Riesen auf, so daß ich schließlich den Sand unter ihren weichen Plattfüßen knirschen hören konnte. Eine der Marschkolonnen glitt in zwanzig Meter Abstand an meinem Versteck vorüber. Erstaunlich leise zogen die Tiere unter den Bäumen hindurch, bis sie das tief eingeschnittene Trockenbett eines Flusses erreichten, das sie auf dem Weg zur Tränke durchqueren mußten. Zwei Kälber warfen sich sofort in den Sand und rutschten auf dem Bauch den Steilhang hinunter. Spielerisch wühlten sie ihre Rüssel durch den weichen Untergrund, um sich dann ein paar Staubladungen über den Rücken zu werfen. Im Flußbett rannten sie übermütig umher, wobei sie mit jedem Schritt einen Sandfächer in die Luft pulverten. Erst als die Herde auf der anderen Seite zwischen den Büschen verschwand, vergaßen die Kälber ihr Spiel und reihten sich wieder in die Kette der gleichmütig durch den Busch wiegenden Alttiere ein.

FLUCHT NACH VORN

Die holprige Fahrspur führte zum Fluß hinunter. Das Tal lag noch in grauen Schatten, scheinbar leblos. Zwischen Stämmen und Büschen hindurch, die mir die Sicht nahmen, lenkte ich den Wagen um eine Biegung; und plötzlich standen die Elefanten vor mir, ein paar riesige Kerle. Erschrocken stieg ich auf die Bremse, Staub quoll auf, und die Räder scharrten über den Boden. Dann stand der Wagen, doch zu spät. Die Dickhäuter zeigten sich von der unerwarteten Begegnung genauso überrascht wie ich: Ärgerliche Trompetensignale schrillten durch die Büsche, von Ohrenklappen und unwilligem Kopfschütteln begleitet. Unter ihren stampfenden Schritten zersplitterte das Unterholz. Ich zog mich so schnell es ging zurück; erstens, weil ich den tobenden Elefanten nicht unnötig im Weg stehen wollte, und zweitens, weil ich hoffte, daß ich sie durch meinen Rückzug wieder beruhigen könnte. Aber bei den Elefanten gab es kein Halten mehr. Merkwürdigerweise hatte sie mein Auftauchen in völlige Panik versetzt. Hundert Elefanten tobten durch das Tal. Äste brachen, undurchdringliche Buschverhaue barsten, und halbhohe Sprößlinge wurden zu Boden gerissen und zerstampft. Wie ein drohendes Katastrophensignal stieg eine Staubwolke in die Luft. Der Staubnebel hüllte die Herde in schemenhaftes Licht. Zwischen den dahinstürmenden Riesen tauchte hin und wieder die Gestalt eines Elefantenkalbes auf, das ängstlich mit seiner Mutter Schritt zu halten suchte.

Die Elefanten rannten unaufhaltsam weiter. Dumpfe Angst hatte die sonst so ruhigen und gelassenen Tiere in kopflose Flucht getrieben. Irgendwo in dem grauen Nebel, in dem grellen Lärm, in dem Durcheinander der wogenden Körper versteckt, drohte unbekannte, schreckliche Gefahr. Ich hatte Elefanten noch nie so schnell und so weit laufen sehen. Sie liefen, sich selbst immer wieder mit schrillen Alarmtönen zur Weiterflucht antreibend, bis sie schließlich hinter einer Flußbiegung verschwanden; und noch eine halbe Stunde später hörte ich gelegentlich Trompetenstöße aus weiter Ferne herüberschallen.

Wie im Traum hatte ich zunächst das überwältigende Schauspiel der Stampede verfolgt. Nun machte ich mir Vorwürfe, da ich annahm, durch meine Ungeschicklichkeit die Herde in diese wilde Flucht getrieben zu haben. Als ich später jedoch mit einem Wildhüter über diesen Vorfall sprach, gab er mir eine andere, sehr einleuchtende Erklärung: Die Elefanten halten sich nicht an die Grenzen der Schutzgebiete und wandern gelegentlich auch durch die angrenzenden Landstriche. Hier werden sie nicht nur von erbosten Farmern, die um ihre Felder fürchten, behelligt und nach Möglichkeit vertrieben, sondern auch von Wilddieben empfangen, die sich nicht wie die Farmer mit Warnschüssen begnügen. Die Herde, der ich begegnet war, mochte vor wenigen Tagen böse Erfahrungen dieser Art gemacht haben, so daß mir ihre scheinbar übertriebene Flucht nun verständlich erschien.

SALZ UND PFEFFER

In der Ebene unten am See gab es eine Stelle, wo der nackte Boden zutage trat. Hier kamen die Elefanten öfter her, um die salz- und mineralhaltige Erde aufzugraben und zu fressen. Mit den zehenbewehrten Kanten ihrer Vorderfüße traten sie die Kruste locker, klaubten mit dem Rüssel die Brocken auf und steckten sie ins Maul. Die Kälber versuchten, bei ihren Müttern von der Salzerde zu stibitzen, wurden von diesen jedoch regelmäßig zur Seite gedrängt. Der Hunger nach Salz beherrschte die Tiere offensichtlich so stark, daß ihre Mutterliebe zeitweilig dahinter zurücktrat. Einige Kühe beschränkten sich nicht darauf, mit den Füßen den Boden zu lockern, sondern ließen sich sogar auf die Knie nieder, um die Erde mit ihren Stoßzähnen aufzubrechen.

Einige jüngere Tiere knieten ebenfalls nieder und versuchten, den salzhaltigen Stoff direkt mit dem Maul aufzunehmen. Die Salzlecke war vielbegehrt, denn im Laufe des Vormittags hielt eine Gruppe nach der anderen auf die flache Kuhle zu, die jeweils nur für einen Familienverband Platz bot. Die Neuankömmlinge versuchten ungeduldig ihre Vorgänger zu verdrängen. Dabei spielte offensichtlich die Rangordnung der Leitkühe eine Rolle. Wurde nämlich die sich nähernde Gruppe von einer ranghöheren geführt, so räumte die dort befindliche Gruppe bei der ersten – oft nur angedeuteten – Drohgebärde widerstandslos das Feld. Verhielt es sich umgekehrt, so mußten die Neuankömmlinge warten, bis die erste Gruppe freiwillig abzog.

Normalerweise reicht die in gelöster Form mit dem Wasser aufgenommene Salzmenge aus, um den Bedarf der Elefanten zu decken. Sie bevorzugen deswegen Wasserstellen mit höherer Mineralkonzentration und nehmen manchmal weite Wege auf sich, um derartige Tränken zu erreichen. Zusätzlich graben sie bei Salzmangel in der Umgebung natürlicher Salzlecken den Boden um oder brechen mit ihren Stoßzähnen sogar betonharte Termitenhügel auf, um an die angereicherte Erde dieser Insektenburgen heranzukommen. Im Ngorongoro-Schutzgebiet gibt es eine Steilwand, in die Elefanten im Laufe von mehreren Jahrzehnten, vielleicht auch Jahrhunderten, eine tiefe Höhle gegraben haben, in der ein ausgewachsener Bulle bequem stehen kann. Wände und Decke sind mit den Abdrücken von Stoßzähnen gemustert, die an die Spuren von Meißeln erinnern.

Eines Morgens stieß ich in der Nähe der Salzlecke auf eine Versammlung von etwa achtzig Elefanten, in deren Nachbarschaft eine riesige Herde von fünf- bis sechshundert Büffeln graste. Zwei Stunden später zogen die Elefanten zu der einzigen Suhle in dieser Gegend, dicht gefolgt von den Büffeln, die es bei ansteigender Hitze ebenfalls zu dem Schlammbad drängte. In fünfzig Meter Entfernung umstanden die Büffel in schweigender Phalanx die badenden Elefanten. Einige besonders ungeduldige Stiere näherten sich bis auf zehn Meter den Dickhäutern. Minutenlang standen sie bewegungslos da und starrten die Elefanten an, schüttelten dann plötzlich den Kopf, nur um Sekunden später wieder wie festgefroren in die gleiche Richtung zu stieren.

Nach ihrem Schlammbad wechselten die Elefanten über zu der nur wenige hundert Meter entfernten Salzlecke, wo sie nach kurzer Zeit abermals von den Büffeln umringt wurden. Nach und nach strömte die gesamte Herde in die Ebene hinaus. Sie kreisten die kleinen Elefantengruppen regelrecht ein, so daß sich an verschiedenen Stellen graue Inseln aus dem Gewoge der Büffelrücken zu erheben schienen. Die Alttiere nahmen diese Zudringlichkeit gleichmütig hin, während der eine oder andere Halbwüchsige versuchte, die Büffel durch Drohgebärden oder Scheinangriffe zu verscheuchen. So stürmte ein vier- oder fünfjähriger Jungbulle wütend auf einen einzelnen Stier los, der sich allzu dicht herangewagt hatte, hielt jedoch erschrocken inne, als sich der Zudringling nicht rührte, sondern seinem Angriff nur mißtrauisch entgegenstarrte. Von der massiven Unerschrockenheit sichtlich eingeschüchtert, wandte er sich nach kurzem Zögern um und kehrte mit eiligen Schritten in den Schutz seines Familienverbandes zurück. Ein älterer Bulle, den bereits ellenlange Stoßzähne schmückten und der auch schon eine beeindruckendere Körpergröße ins Feld führen konnte, hatte da mehr Glück. Vor seinem von ärgerlichen Trompetenstößen begleiteten Vorstoß flüchtete der angegriffene Stier zehn oder zwanzig Meter weiter.

Bei anderer Gelegenheit sah ich die Leitkuh einer Gruppe einen mächtigen Büffel aus seiner Suhle vertreiben, wo er den Nachmittag verdöst hatte. Hauptsächlich sind es jedoch junge Elefanten, die – aus Spieltrieb oder weil sie für ihr Imponiergehabe ein geeignetes Opfer suchen – auf andere Tiere losgehen. So fiel mir ein pubertärer Bulle auf, der mit allen Anzeichen der Wut einen Flußlauf hinauf und herunter stampfte, bevor er unter fetzendem Trompetengeschmetter auf zwei Warzenschweine losrannte, die zufällig in der Nähe nach Wurzeln wühlten. Mit steil in die Luft ragenden Schwänzen liefen die Schweine vor dem Wüterich davon, der sich auf der Suche nach einem neuen Angriffsziel nun gegen sechs Zebras wandte, die auf der anderen Seite des Wasserlaufes weideten. Nachdem er auch die Wildpferde zu ein paar eiligen Galoppsprüngen gezwungen hatte, ließ er gleich auch noch die Geier aufflattern, die nach ihrem Morgenbad mit ausgebreiteten Schwingen am Ufer saßen und sich die Federn trockneten.

Die übrigen Elefanten schienen keinerlei Notiz von den Feldzügen ihres ungestümen Artgenossen zu nehmen. Ohne auch nur den Kopf zu heben, grasten die Tiere friedlich weiter. Tage später zog der gleiche Familienverband an einem Paviantrupp vorbei, als plötzlich ein Kalb ausscherte und mit flatternden Ohren auf die Affen lostrampelte, die erschrocken zum nächsten Baum flüchteten, von wo aus sie den Störenfried lauthals beschimpften. Auch Impalas, die häufig in der Nähe von Elefanten äsen, werden gelegentlich

Opfer der übermütigen Attacken einzelner Jungtiere, die sie jedoch nicht sonderlich zu beeindrucken scheinen, denn sie lassen sich von den lästigen Angreifern selten mehr als ein paar halbherzige Sprünge abnötigen.

Trotz ihrer Größe genießen Elefanten durchaus nicht bei allen Zusammentreffen mit anderen Tieren unbestrittenen Vorrang. Dazu sind die Dickhäuter einfach zu sensibel. Unter der grauen Hülle verbirgt sich ein freundlicher, weicher Kern, der es ihnen nicht erlaubt, immer und überall jene Vorrechte durchzusetzen, die ihnen allein von ihrer riesigen Gestalt und Kraft her zustünden: Am Rande eines Tümpels ruhte eine Elefantenfamilie. Zu den Kühen hatte sich ein gewaltiger Bulle gesellt, der mit geschlossenen Augen in den Nachmittag döste. Gemächlich nach Futter suchend, stakten zwei Kronenkraniche heran. Als sie das Wasser erreichten, löschten sie mit ein paar Schnabelfüllungen zunächst ihren Durst und begannen dann, mit ausgebreiteten Schwingen umeinander zu tanzen. Die balzenden Vögel hatten sich erst mit einigen wenigen Figuren umworben und waren dabei den Dickhäutern noch ein paar Meter näher auf den Leib gerückt, als sich die Elefanten plötzlich lautlos in Bewegung setzten und mit eiligen Schritten vor diesem unheimlichen Geflatter Reißaus nahmen.

Auf der Ebene am Musasa-Fluß verirrte sich eines Nachmittags ein Nashorn zwischen eine Elefantenherde. Drohend ging einer der Bullen auf das kurzsichtige Ungetüm los, verlor jedoch nach wenigen Schritten den Mut und trat den Rückzug an. Auch die übrigen Herdenmitglieder gaben dem in aufgeregtem Zickzack hin und her wedelnden Rhinozeros schleunigst die Bahn frei. Und als an einem anderen Tag am selben Fluß sehr verfrüht ein Nilpferd aus den Büschen trat – Hippos kommen normalerweise nur nachts an Land – und sich bei seiner Futtersuche langsam auf die dort weidenden Dickhäuter zubewegte, wurde es den Elefanten nach und nach so ungemütlich, daß schließlich die ganze fünfzigköpfige Herde mit unruhigen Schritten auf die andere Seite des Flusses hinüberwechselte.

Eine weitere Episode, die das manchmal nicht ganz ungestörte Nachbarschaftsverhältnis zwischen Nilpferden und den Dickhäutern verdeutlicht, spielte sich im Selous-Gebiet ab: Vier Elefanten zogen mit gemächlichen Schritten am Ufer des Rufiji entlang, der sich an dieser Stelle in mehrere Seitenarme unterteilt hatte. Nach längerem Marsch fanden sie eine Furt, wo sie den Wasserlauf durchqueren konnten. Langsam wateten sie in die lehmige Strömung hinein, die ihnen schon nach wenigen Metern bis zum Bauch und schließlich bis zu den Schultern stieg. Ein paar Schritte weiter verloren die Tiere endgültig den Grund unter den Füßen und mußten schwimmen. Nur die Köpfe ragten bis zur Augenhöhe aus dem Wasser sowie die Rüsselspitzen, die wie die Sehrohre einer U-Boot-Flotte die Oberfläche durchbrachen. Zu einer viergliedrigen Kette geordnet, kreuzten die schwarzen Riesen durchs Wasser. Bald fanden sie auf der gegenüberliegenden Seite wieder Halt und stampften nun, schnell zu voller Größe aus den Fluten wachsend, zum Ufer hin. In dunkler Nässe glänzten ihre Leiber. Sie überquerten einen schmalen Sandstreifen und erreichten nach wenigen Metern den nächsten Seitenarm, den sie ebenfalls kreuzen mußten, um zu den saftigen Riedfeldern des gegenüberliegenden Sumpfes zu gelangen.

Doch genau in der Mitte dieses Flußarmes drängten sich dreißig oder vierzig Nilpferde zu einer lebenden Insel zusammen. Eines der Flußpferde fühlte sich durch das Auftauchen der Elefanten in seiner Ruhe gestört. Es hob seinen Schädel aus den Wellen und schmetterte eine Folge drohender Baßtöne in die Morgenstille. Die Elefanten klappten aufgeregt mit den Ohren, hoben ihre Rüssel, drehten sich um die eigene Achse und rannten in dieselbe Richtung davon, aus der sie gerade gekommen waren. In ihrer überstürzten Eile erinnerten mich die einzelnen Tiere irgendwie an einen dicken Mann, der auf der Jagd nach einem Taschendieb seine Hosenträger verloren hat und nun mit rutschenden Beinkleidern durch die Straße eilt und dabei krampfhaft versucht, sowohl seine Hose als auch seine Würde zu bewahren. Brodelnd schäumte das Wasser auf, als sie sich erneut in die Fluten stürzten. Als sie das andere Ufer gewonnen hatten, legten die Dickhäuter eine Pause ein, um sich von den Aufregungen und Anstrengungen der zweimaligen Überquerung zu erholen. Erst eine halbe Stunde später setzten sie sich wieder in Bewegung, durchschwammen ein paar hundert Meter stromaufwärts zum dritten Mal den Wasserlauf und verschwanden in den Riedfeldern.

DER GESTÜRZTE BAUM

Der größte der sechs Bullen hielt auf eine Akazie zu, deren Krone sich zu einem weiten Schirm auffächerte. Als er den Baum erreicht hatte, blieb er stehen, reckte den Kopf nach oben und ließ seinen Rüssel wie die Ausfahrleiter eines Feuerwehrwagens zu dem Astgewirr ausfahren. Er mußte sich mächtig strecken, den Rüssel auf volle Länge ausdehnen, mußte schließlich noch das linke Vorderbein heben, sich mit dem rechten sozusagen auf die Zehenspitzen stellen, um die fehlenden Zentimeter zu einem Ast überbrücken zu können, dessen unterste Ranken die beiden Rüsselfinger dann endlich zu fassen bekamen. Er zog den Ast ein wenig herunter, drehte nun seine Rüsselspitze in einer Spiralwindung um die Zweige, zog mit diesem festeren Halt das Blätterwerk ein Stück zu sich herab, ließ seinen Rüssel in einer zweiten Windung um die Ranken greifen – etwa so, wie man sich eine Hundeleine um das Handgelenk wickelt – und zog nun, nachdem er einen sicheren Griff gewonnen hatte, mit ganzer Kraft an dem Tau, zu dem er die einzelnen Zweige zusammengedreht hatte. Nur ein paar Sekunden lang hielt der Strang der starken Zugkraft stand. Dann brach mit lautem Krachen ein Teil der Fächerkrone herunter, und sofort machten sich die Dickhäuter über das frische Grün her.

Der heruntergerissene Ast bot den Elefanten nur für kurze Zeit Futter, dann war er bis auf spärliche Reste abgenagt. Der Leitbulle, ein Tier von fast vier Metern Höhe, griff erneut in die Krone. Da er jedoch nicht gleich geeignete Zweige zu fassen bekam, holte er den Rüssel wieder ein, um sozusagen aufs Ganze zu gehen. Er legte seinen Rüssel in voller Länge nach oben gegen den Stamm, griff mit der Spitze in eine Astgabel, nahm den Stamm zwischen die beiden Stoßzähne, preßte seine Stirn nun mit aller Kraft so mächtig gegen den Baum, daß dieser langsam bis in den Kern hinein ins Wanken geriet. Der Elefant stemmte sich vor, wich einen Schritt zurück, stemmte sich wieder vor, zwei-, dreimal, viermal. Bei jedem Ansturm neigte sich der Baum weiter in die Schräglage, bevor ihn der Bulle zurückschwingen ließ. Beim fünften Mal gab es kein Zurück mehr; im Zeitlupentempo senkte sich die Krone immer weiter der Erde zu, bis die Akazie in voller Länge zu Boden stürzte.

Das Krachen des Baumes hatte weithin hörbar die Nachmittagsstille zerrissen. Drei weitere Elefanten, die ein paar hundert Meter entfernt von einem anderen Baum fraßen, verließen ihren alten Futterplatz und kamen herüber. Während der nächsten Stunde waren die Dickhäuter damit beschäftigt, mit Hilfe ihrer Rüssel, Stoßzähne und Vorderbeine die Krone in Einzelteile zu zerrupfen und kleinzukauen. Nur gelegentlich gab es Ärger, wenn ein rangniederer Elefant einem ranghöheren die besten Grünspitzen vor der Nase wegpflückte; der stärkere schob in einem solchen Fall den schwächeren einfach beiseite, was in einer Kettenreaktion zur Neuordnung der Standplätze führte. Nur ein- oder zweimal arteten die Zwistigkeiten zu regelrechten Auseinandersetzungen aus: Der ranghöhere Elefant schlug seinem Rivalen die schweren Stoßzähne gegen den Leib und machte ihm auf diese Weise deutlich klar, daß er nicht gewillt war, fremde Rüssel vor seiner Nase herumtanzen zu lassen.

Der Akazienwald um den Legaja- und Masaksee erlebte 1978 eine Invasion von insgesamt vielleicht fünfzig Bullen. Diese beiden kleinen Soda-Seen bilden in der südwestlichen Serengeti den Beginn der berühmten Olduvai-Schlucht und liegen nur dreißig oder vierzig Kilometer von Laetoli entfernt, wo man unter anderem die fossilierten Fußspuren von prähistorischen Rüsseltieren ausgegraben hat. Elefanten kommen normalerweise selten in diese trockene Gegend, aber nach zwei ungewöhnlich guten Regenzeiten mochte sie das Wasser der stark angestiegenen Seen gelockt haben. Doch während der darauffolgenden Dürreperiode fand sich außer den Blättern und Zweigen der Schirmakazien nur wenig Nahrung für die Dickhäuter. Ich spreche deshalb von Invasion, weil das Baumland zwei Monate nach Einzug der Elefanten stellenweise so aussah, als ob hier eine Panzereinheit ihr Herbstmanöver abgehalten hätte. Überall lagen geknickte Bäume, kreuz und quer in die Landschaft gestürzt, dazwischen unheimliche, fast beklemmende Stille.

Die fünfzig Bullen verteilten sich auf mehrere Trupps. Für gewöhnlich sind es zunächst nur die männlichen Tiere, die in ein neues Gebiet vordringen. Erst später folgen die Kühe mit ihren Jungtieren nach. Einem dieser Holzfällerkommandos folgte ich mehrere Tage lang. Am ersten Tag stürzten die Bullen fünf Bäume um, am zweiten Tag waren es sechs und am dritten Tag auch noch einmal sechs. Dabei lösten sich die einzelnen Tiere nicht etwa bei der Arbeit ab, sondern es war in fast allen Fällen derselbe Bulle, der die Bäume fällte. Während der Nacht konnte ich ihnen leider nicht folgen, da ich mich bei der Dunkelheit hoffnungslos in dem Gewirr der umgestürzten Bäume festgefahren hätte; und obwohl sie nach Mitternacht ein paar Stunden schlafen, verbringen Elefanten auch einen großen Teil der Nacht auf Nahrungssuche. Von vierundzwanzig Stunden sind sie bis zu achtzehn Stunden mit dem Sammeln von Grünfutter beschäftigt. »Meine« Gruppe legte also sicherlich auch nachts noch einige Bäume um.

Welche erstaunlichen Zahlen hierbei im Laufe der Zeit zusammenkommen können, zeigt eine Untersuchung aus dem ehemaligen Rhodesien (heute Zimbabwe). Laut Schätzung des Forschers Peter Guy stürzten die Elefanten des Sengwa-Gebietes in einem Areal von nahezu 1000 Quadratkilometern pro Jahr 56000 Bäume um. So erschreckend diese »umwerfende« Zahl auch klingt, so stellt sie doch nur weniger als ein Prozent des gesamten Baumbestandes des Testgebietes dar.

Selbst Bäume, die von ihrer Größe her bereits außerhalb jeder Umsturzgefahr liegen, fallen den Dickhäutern häufig zum Opfer, weil diese die Rinde abschälen oder die Stämme aushöhlen, so daß auch die Baumriesen über kurz oder lang absterben. Im Tarangire-Nationalpark in Tansania wächst kaum ein Affenbrotbaum, der nicht in einem breiten Ring Spuren von Elefanten zeigt, die mit ihren Stoßzähnen die bei dieser Baumart besonders weiche, faserige Holzmasse aus dem Stamm gelöst haben. In manche dieser bizarren Pflanzenberge gruben die Elefanten regelrechte Höhlen, so daß die Bäume irgendwann unter ihrer eigenen Last zusammenbrechen. Vor ein paar Jahren wurde in Tarangire ein Bulle von einem umstürzenden Affenbrotbaum begraben. Das Gewicht des herniederbrechenden Stammes brach ihm dabei das Rückgrat. Er mußte einen langsamen und elenden Tod sterben.

SEEUNGEHEUER

Während der Mittagszeit zog »meine« Gruppe regelmäßig zur Tränke am Masak-See hinunter; anschließend wateten die Tiere in tiefere Gewässer hinaus und nahmen ein ausgiebiges Bad. Wie die überlangen Hauer von Walrossen leuchteten die Stoßzähne der Bullen zwischen den Wellen auf. Die schwergewichtigen Seeungeheuer ließen sich untergehen, tauchten wieder auf, ließen sich auf die andere Seite sinken, hoben die Rüsselspitzen wie Periskope aus dem Wasser, um zwei Kubikmeter Luft zu holen, tauchten unter, tauchten auf, stiegen sich gegenseitig auf den Rücken, rammten ihre Stoßzähne gegeneinander, ließen sich, von der Kraft des Gegners überwältigt, auf die Seite rollen, drückten sich in freundschaftlicher Rangelei die Köpfe unter die Oberfläche, kamen prustend wieder hoch, nur um nach kurzem Luftholen erneut zwischen den Wellen zu verschwinden. Ihre Rüssel rankten wie die Fangarme von Riesenkraken aus dem Wasser auf. Sie verschlangen diese Tentakel manchmal zu einem Knoten oder blubberten unter Wasser ihren Atem ab, so daß an der Oberfläche plötzlich kleine Geysire aufbrodelten. Ein Bulle trompetete mit flappenden Ohren, die das Wasser in seiner Umgebung zu Sturmwellen aufschwappen ließen, einen winzigen Tauchvogel an, der vor der Nase des badenden Dickhäuters im Trüben fischte. Die aufgewühlten Fluten bescherten ihm reiche Fanggründe.

Von meinem Versteck zwischen ein paar Büschen hatte ich den Badefreuden der Bullen schon eine ganze Weile zugeschaut. Als die Tiere noch weiter in den See hineinstampften, packte mich plötzlich die Abenteuerlust. Ich wollte mit den Elefanten schwimmen gehen. Ich warf meine Kleider in den Wagen, schnappte mir eine Kamera samt mittelschwerem Teleobjektiv und ging ins Wasser. Nun artete das ganze Unternehmen sehr schnell in handfeste Arbeit aus, denn ich mußte ja mit der einen Hand die Kamera über Wasser halten, hatte zum Schwimmen also nur den anderen Arm und zwei Beine übrig. Um an die Tiere heranzukommen, mußte ich ungefähr siebzig Meter zurücklegen, zugegeben keine allzu große Strecke, aber mit der fotografischen Eisenkugel am Arm kam sie mir doch lang genug vor. Je dichter ich den planschenden Seeungeheuern auf den Pelz rückte, desto schwerer wurde mir die Kamera. Nur noch ein paar Meter. Meine Lungen brannten schon wie nach einem scharfen Rennen. Irgendwie wurschtelte ich mich noch ein paar Meter näher bis auf Teleschußweite heran.

Nun kam das härteste Stück Arbeit, denn zum Einstellen und Abdrücken mußte ich die Kamera mit beiden Händen halten und mit den Beinen, die aber auch schon müde wurden, Wasser treten. Es war nicht einfach, die Wasserlinie einigermaßen gerade durch den Sucher zu verlegen, doch schließlich schwammen die Elefanten glasklar und vor allem aufregend nahe über die Mattscheibe. Zwei-, dreimal drückte ich ab, doch dann war bei mir die Luft endgültig raus. Die Beine traten in Streik, während die Arme von Bleigewichten nach unten gezogen wurden. Ich mußte mich zu einer Pause auf den Rücken legen. Freundlicherweise zeigten die Elefanten acht oder zehn Meter entfernt ein sportliches Einsehen und nutzten die Zeit dieses kurzen Stromausfalles nicht etwa dazu aus, mich samt Kamera zu versenken. Sie blickten zwar hin und wieder herüber, hielten mich aber anscheinend für eine jener aufgeplusterten Enten, von denen einige in ihrer Nähe umherkreuzten. Zum Glück ragte nicht allzu weit entfernt ein toter Baumstamm aus dem Wasser, zu dem ich mich hinüberretten konnte. Ich fand eine Astgabel, auf der ich die Kamera deponieren konnte, und legte nun, von einem Zentnergewicht befreit, die unbedingt notwendige schöpferische Pause ein.

Hatten sich die Elefanten schon durch das Auftauchen einer fotografierenden Ente nicht im geringsten stören lassen, so beachteten sie noch weniger ihr Verschwinden. Sie planschten nach wie vor mit weithin hörbarem Vergnügen im Wasser umher. Nach einer kurzen Rast konnte ich der Versuchung nicht widerstehen, ihnen noch einmal dichter auf den Leib zu rücken, allerdings ohne optisches Bleigewicht am Arm. Wie von geheimnisvollen Kräften gezogen, wollte ich die badenden Dickhäuter aus nächster Nähe erleben. Mit zwei Armen fühlte ich mich wesentlich stärker. Zehn Meter, acht, sieben – plötzlich bemerkten mich die Elefanten: ihre Rüssel reckten sich wie die Kobras eines Schlangenbeschwörers aus dem Wasser, doch ich hatte mich gegen den Wind genähert, so daß den Dickhäutern keine Witterung in die langen Nasen steigen konnte. Ich hielt mich völlig ruhig, bis die prüfenden Rüssel wieder eingeholt wurden. Offensichtlich doch nur eine große Ente, eine Gans vielleicht. Langsam und vorsichtig schob ich mich noch etwas näher. Euphorische Freude überkam mich. Ich schwamm hier mit wilden Elefanten spazieren, konnte sie beinahe anfassen und hatte längst sämtliche Angst verloren, fühlte mich so frei, als ob ich unter Wasser fliegen könnte.

Die Bullen wälzten sich behäbig durch die Fluten. Plötzlich hob der mir zunächst schwimmende Elefant seinen Kopf und starrte mich an. Dann wuchs sein Rüssel aus dem Wasser, und er sog prüfend die Luft ein. Seine kleinen Augen suchten und suchten. Irgendwie schien ihm die Geschichte nicht mehr richtig zu gefallen. Unvermittelt hatte das Planschen aufgehört. Ich war in einen Kreis schweigender Seeungeheuer geraten. Der Elefant vor mir schien zu überlegen, ob sein Rüssel lang genug wäre, um die Ente an den langen Haaren zu packen und unter Wasser zu drücken. Ich wartete nicht auf seine Entscheidung, sondern schob mich unauffällig nach rückwärts davon, den Bullen keine Sekunde aus den Augen lassend. So gewann ich Meter um Meter, bis mich schließlich wieder eine sichere Entfernung vom Bannkreis der Rüssel trennte. Mit weichen Knien schwamm ich zu dem toten Baum, holte meine Kamera, ackerte mich zurück zum Ufer und war verdammt froh, als ich wieder festen Boden erreichte.

ZU TODE GESCHÄLT

Die Fähigkeit, Bäume zu fällen, beherrschen nur die größten und stärksten Bullen. Die Kühe dagegen rücken den Bäumen auf eine ganz andere Weise zu Leibe, die aber auf die Dauer für das Waldland die gleichen Folgen zeitigt: Im Schatten einer Akazie stand eine Kuh mit zwei Kälbern, das eine vier, das andere vielleicht acht Jahre alt. Mit ihrem Stoßzahn hebelte das Muttertier das erste Stück einer Rindenbahn frei, bis sie es mit dem Rüssel festhalten konnte, zog gleichmäßig daran und löste dann etwa zwei Meter der Lage vom Stamm. Die Jungtiere mühten sich in ähnlicher Weise, die zähen Streifen abzureißen, hatten aber weder genügend Kraft noch genügend lange Stoßzähne, um der Akazie mehr als ein paar kleine Ritzer anzutun. Immerhin lernten sie, die Hebelbewegungen der Mutter nachzuahmen, und lernten vor allem auch den Geschmack der Rinde kennen. Nach zwei Stunden hinterließ die Dreiergruppe einen Baum mit einer tödlichen Wunde

Obwohl vor kurzem die Regenzeit eingesetzt hatte und die frisch grünende Vegetation den Elefanten Nahrung im Überfluß bot, hatte ich in den letzten Tagen und Wochen viele solcher todgeweihten Bäume gesehen. In dieser Zeit zumindest konnten die Elefanten die Rinde nicht aus Nahrungsmangel abgeschält haben, sondern weil die saftigen Baststreifen Abwechslung in ihr übliches Nahrungsangebot brachten.

Mit dem Schälen der Stämme schienen sie sich hauptsächlich während der Mittagsstunden zu beschäftigen, die sie wegen der Hitze normalerweise ohnehin unter Bäumen verbrachten. Vielleicht zogen sie also ihren Schattenspendern nur aus Langeweile das Fell ab, oder sie fraßen den Bast als Ersatz für Gras und Buschwerk, das sie wegen der prallen Sonne in dieser Zeit nicht sammeln konnten. Vier Tage später traf ich abermals auf eine Gruppe von Kühen, die mit ihren Jungtieren unter einem großen Baum Mittagsruhe hielt. Während die übrigen Tiere vor sich hin dösten, schälte die Leitkuh die Rinde in langen Bahnen vom Stamm. Bis hoch zu einem schrägstehenden Hauptast hinauf rissen die Bastfasern vom Holz. Wie Taue von einem Schiffsmast baumelten die zwei bis drei Meter langen Streifen über den Elefanten. Nach einiger Zeit verlor die Kuh das Interesse an den pendelnden Bahnen und verließ zusammen mit den anderen Kühen den Schatten.

Nur ein junger Bulle blieb zurück, der von dem frei gewordenen Standplatz der Leitkuh aus versuchte, die Streifen herunterzuzerren. Mit dem Rüssel angelte er zu der Rinde hinauf, umfaßte ein Tauende, zog daran, glitt ab, griff nochmals zu, ließ die losen Stränge in übermütigem Spiel wie Glockenseile durcheinander schwingen, zog einen Streifen so weit herunter, daß er ihn mit den Zähnen festhalten konnte, und ging dann in die Knie, um die Rinde durch sein eigenes Gewicht herunterzureißen. Doch die zähen Fasern hielten stand. Der Bulle ließ sich nicht entmutigen, sondern versuchte, die Bastlianen abermals herunterzuziehen; wieder rutschte er ab. Mit diesem

Tauziehen vergnügte er sich zehn, fünfzehn Minuten lang. Trotz seiner etwas plumperen Gestalt erinnerte er mich in seiner Spielfreude irgendwie an eine zu groß geratene Katze, die nach einigen Wollfäden krallt.

Für den Baumbestand aber hat das Spiel bitterernste Folgen, vor allem auch, weil es sich gezielt gegen ganz bestimmte Baumarten richtet. So haben es die Elefanten im Manyara-Nationalpark hauptsächlich auf die *Acacia tortilis* abgesehen, deren Bestand sie durch das Entrinden bereits bedrohlich reduziert haben. Jährlich fallen ihnen mehr als fünf Prozent der Bäume zum Opfer. An manchen Stellen haben seine schwergewichtigen Bewohner den Akazienwald in bizarre Skulpturengärten verwandelt. In stummer Anklage recken die Baumskelette ihre ausgeblichenen Äste zum Himmel. Die Frage nach dem Warum ist noch nicht endgültig geklärt. Manche Forscher vermuten als Ursache den hohen Kalziumbedarf der Elefanten, den sie durch das Fressen der kalziumreichen Baumrinde zu stillen suchen, während andere meinen, daß der Saft der Bäume auf die Dickhäuter eine ähnlich unwiderstehliche Anziehungskraft ausübt wie der Honig auf die Bären.

Elefanten sind erstaunlich vielseitige und einfallsreiche Tiere. So können sie zum Beispiel einem Baum nicht nur dadurch die Existenz streitig machen, daß sie ihm in die Krone fassen, ihn aus der Rinde schälen oder ihn ganz einfach umstoßen, sondern manche Dickhäuter gehen das Problem beziehungsweise den Baum auch von der Wurzel her an. So stieß ich eines Mittags auf eine Kuh, die geduldig versuchte, einen starken Wurzelstock auszugraben. Ihr linker Stoßzahn war abgebrochen, doch aus der rechten Kieferhälte ragte ihr ein gewaltiger Zahn, mit dem sie ein ums andere Mal das widrige Holz freizustemmen suchte. Zunächst ohne Erfolg. Doch sie gab nicht auf. Wieder faßte sie mit dem Rüssel den bereits lose getretenen Stock, schob dann den Stoßzahn als Hebel darunter und mühte sich nun mit aller Kraft, den zähen Wurzelstrang aus dem Boden zu brechen. Die Fasern ächzten zwar unter dem Druck, gaben aber nicht nach.

Die Kuh wußte Rat: Mit der Vorderkante ihres Vorderfußes trat sie mehrmals gegen die Wurzel, klemmte dann den Fuß von schräg unten gegen den Widerstand und drückte nach vorne; das Holz knirschte rissig, splitterte aber immer noch nicht auseinander. Nun setzte sie denselben Fuß auf der anderen Seite mit der Hinterkante gegen die Wurzel und zog ihn zu sich her. Abermals blieb es bei einem Ächzen. Erneut setzte sie ihren Stoßzahn ein und lockerte an beiden Enden des freigelegten Wurzelstückes mit Fußtritten die Erde. Nach zwanzig Minuten hartnäckiger Anstrengung konnte sie endlich mit einem Ruck die Wurzel aus ihrer Verankerung reißen. Das Ende hielt sie mit den Zähnen fest, während sie mit dem Rüssel die zähe Außenhaut löste. Nachdem sie den Leckerbissen wie eine Banane aus der Schale gepellt und gefressen hatte, ließ sie den übrigen Teil gleichgültig liegen.

DIE FÜNF BULLEN

Die Mittagshitze lastete wie flüssiges Glas über dem See. Lautlos hämmerte die Sonne ihre Strahlen in den Sand, der den fünf Bullen bei jedem Schritt unter den Sohlen knirschte. Mit Rüssel und Vorderfüßen hatten sie sich Kuhlen in den weichen Boden gegraben und warteten nun geduldig, bis sich in diesem Brunnen eine Rüsselladung voll Wasser angesammelt hatte. Als sie sich endlich satt getrunken hatten – eine oder vielleicht auch zwei Stunden mochten über diesem gemächlichen Trinken vergangen sein –, wateten die Dickhäuter in den See hinaus. Sie machten halt, als ihnen das Wasser bis zu den Knien gestiegen war. Für längere Zeit standen sie dösend zwischen den flachen Wellen, die ihnen in kurzen Abständen um die Beine schwappten. Die Kühlung schien sie in Spiellaune zu versetzen, denn zwei der Bullen wickelten plötzlich ihre Rüssel umeinander, vergabelten ihre Stoßzähne und versuchten sich gegenseitig wegzuschieben. Das Wasser spritzte um die beiden Kämpfer auf und überzog ihre Leiber mit einem dunklen, feucht glänzenden Anstrich.

Ich wollte mir die Wasserschlacht nicht entgehen lassen und fuhr auf dem Ufersand so dicht wie möglich an die Elefanten heran. Einer der beiden Bullen nahm mir diese Störung übel und brauste plötzlich wie ein Schlachtschiff auf mich los. Die Ohren wie die Segel einer Fregatte aufgespannt und eine mächtige Bugwelle vor sich herschiebend, pflügte er durch das Wasser. Ich rührte mich nicht von der Stelle. Knapp zehn Meter vom Wagen entfernt erreichte er, in schäumende Gischt gehüllt, das Ufer – und drehte tänzelnd ab. Der eindrucksvolle Scheinangriff versandete schließlich, nachdem er sich noch einige Male unruhig hin und her wandte, um hocherhobenen Hauptes in meine Richtung zu drohen, an jenem Wasserloch, das er sich einige Zeit vorher gegraben und das sich inzwischen mit Grundwasser gefüllt hatte. Unbeeindruckt von dem heftigen Vorstoß ihres Artgenossen kehrten nun auch die übrigen Bullen mit gleichmütigen Schritten ans Ufer zurück. Nach nochmaligem Aufenthalt an ihren Trinkstellen verschwanden sie zwischen den hohen Büschen, die jenseits des an dieser Stelle knapp hundert Meter breiten Uferstreifens die Ebene bedeckten.

Ein paar Tage später traf ich in der gleichen Gegend auf einen Einzelgänger, der schwer an seinen mächtigen Stoßzähnen trug. Ohne Eile schlenderte er durch den Nachmittag. Er rupfte sich hier ein paar Grasbüschel aus und pflückte dort einige Blätter von den Sträuchern. Unter einem Baum fand er einige Früchte, die er besonders gerne zu fressen schien, denn er suchte den Platz rund unter der Krone gründlich ab. Allzu viele dieser olivgrünen, pflaumengroßen Leckerbissen fand er aber nicht, denn vor ihm hatten bereits andere Elefanten eine ähnliche Sammlung durchgeführt. Doch der Bulle wußte Rat: Er nahm den Baum zwischen seine Stoßzähne und drückte ein paarmal gegen den Stamm. Ein wahrer Pflaumenregen prasselte herab.

Geduldig begann der Bulle, seine Ernte aufzusammeln. Sein Rüssel tastete dabei suchend über den Boden, bis er eine Frucht gefunden hatte, die er zwischen die beiden Finger nahm und sich ins Maul steckte. Seine Rüsselspitze pendelte ständig zwischen seinem Maul und dem Boden hin und her. In vielen Fällen führte er die Pflaumen jedoch gar nicht ganz bis zum Mund, sondern schnippte sie sich mit einem Schlenkern der Rüsselfinger aus etwa zwanzig Zentimeter Entfernung in den geöffneten Schlund. Eine zeitsparende Spielerei, die er wie selbstverständlich beherrschte. Von über hundert Früchten, die er auf diese Weise aufsammelte, sah ich jedenfalls keine einzige zu Boden fallen.

Nach einer halben Stunde hatte er das Fallobst aufgelesen. Daraufhin schüttelte er sich eine zweite Pflaumenschwemme vom Baum. Doch diesmal sammelte er nur noch ein oder zwei Dutzend Früchte auf, dann hatte er genug und zog gemächlich weiter.

HÖHERE GEWALT

Die Sonne stand erst auf halber Höhe am östlichen Himmel. Trotz der frühen Tageszeit hatte sich unten am Fluß schon eine Gruppe von Elefanten versammelt. In langen Rüsselzügen stillten die Tiere ihren Durst. Dann wanderten sie nach und nach zu einem gewaltigen Baum hinüber, dessen Krone allen achtundzwanzig Tieren, die sich allmählich unter diesem Dach einfanden, einen schattigen Ruheplatz bot. Zwischen den weit ausladenden Ästen tummelte sich ein Völkchen grüner Meerkatzen, die lautstark auf ihre ungebetenen Gäste herunterschimpften. Sie bellten und schnarrten je nach Größe in allen Tonlagen auf die Dickhäuter herab, die plötzlich ebenfalls grollten und trompeteten. Der Trupp setzte sich in Bewegung, drehte eine hektische Runde um den Stamm, um sich aber doch wieder zu beruhigen.

Die Störung war durch eine zweite Gruppe von Elefanten ausgelöst worden, die auf dem Weg zum Wasser in geringem Abstand an dem Baum vorüberzog. Die Meerkatzen schimpften weiter, ohne bei den Elefanten die geringste Wirkung zu erzielen. Einige Kälber hatten sich zwischen den Beinen der Alttiere niedergelegt und schliefen. Vor ihren Rüsselspitzen wölkten sich mit jedem Atemzug feine Staubschleier auf. Eine Kuh fand einen zwei Meter langen Krummstab, mit dem sie sich längere Zeit beschäftigte. Sie legte ihn auf ihre Stoßzähne, hob ihn über den Rücken und schwenkte ihn so weitläufig umher, daß sie schließlich mit dem einen Ende einem Kalb heftig auf den Kopf klopfte. Dieses packte daraufhin den Stock und zog mit all seinen Kräften daran, verlor das ungleiche Tauziehen aber schon nach wenigen Sekunden. Die Kuh ließ ihr Spielzeug zu Boden fallen, hob es wieder auf, ließ es über ihrem Rücken pendeln, warf es abermals zur Seite, um es nach kurzer Pause erneut aufzunehmen. Dieser Vorgang wiederholte sich mehrere Male, bis sie zufällig entdeckte, daß ihr der Stab genau unter das Kinn paßte. Wie auf einer Stützsäule ruhend, verbrachte sie in dieser Haltung zwei oder drei Minuten, bevor sie das Holz endgültig fallen ließ, um sich mit dem Rüssel einen Ohrlappen zu massieren.

Bei anderer Gelegenheit stand eine Kuh neben mir, die sich auf einen ähnlichen Stock lehnte, der am oberen Ende zu einer Gabel auseinanderzweigte. Auf dieser Auflage ließ sie bei geschlossenen Augen ihren Kopf zehn Minuten lang ruhen. Auch Jungtiere spielen gerne und ausgiebig mit allen möglichen Hölzern, angefangen beim elastischen Zweig eines Busches bis hin zum Hauptast, der so schwer ist, daß sie sich mühen müssen, um ihn überhaupt anzuheben. Den freiwilligen Umgang mit schwerem Sperrgut hat man sich bei den zahmen Elefanten zunutze gemacht, die vor allem in Asien über Jahrhunderte hinweg als lebende Holzkräne eingesetzt wurden und an einigen wenigen Stellen auch heute noch dazu dienen.

Nach einstündiger Morgenpause verließ die Herde ihren Ruheplatz und zog in südlicher Richtung durch das lichte Baumland. Nach längerem Marsch hielt die Leitkuh auf einen Tümpel zu, den ein Gewitter drei Tage zuvor frisch aufgefüllt hatte. Zwei Nilgänse hatten sich an seinem Ufer niedergelassen. Schnatternd und flügelschlagend zogen sie sich vor der Übermacht der grauen Kolosse zurück. Da die Elefanten an diesem Tag schon gebadet hatten, waren es hauptsächlich die Kälber, die sich im Vorübergehen kurz in der Suhle wälzten, während die Alttiere nach zwei, drei Rüsselduschen unbeirrt ihren Weg fortsetzten. Die Nachzügler der Herde begegneten den beiden Nilgänsen, die in geringem Abstand an den Dickhäutern vorbeiwatschelten, um nach Abzug der »höheren Gewalt« ihr Revier erneut in Besitz zu nehmen.

RECHT UND ORDNUNG

Unter Elefanten herrscht Ordnung. Und zwar mütterlicherseits. Wie Iain Douglas-Hamilton auf Grund jahrelanger Forschungsarbeit im Manyara-Nationalpark herausgefunden hat, stellen die Kernzellen der Elefantengesellschaft Kuh-Kalb-Gruppen dar, die sich aus mehreren Alttieren und deren Kälbern aller Altersstufen zusammensetzen. Sie stehen unter Führung einer Leitkuh. Mehrere dieser Familienverbände bilden einen größeren Sippenverband, der dadurch gekennzeichnet ist, daß zwischen allen Mitgliedern Verwandtschaftsbeziehungen verschiedenen Grades bestehen. Die weiblichen Tiere verbringen normalerweise ihr ganzes Leben lang in diesen Familienverbänden, so daß diese häufig drei Generationen umfassen.

Bedingt durch den großen Nahrungsbedarf der Elefanten – ein ausgewachsenes Tier verarbeitet je nach Größe ein- bis zweihundertfünfzig Kilogramm Grünfutter pro Tag –, ziehen die Familienverbände in ständiger Nahrungssuche umher. Dabei passen sie sich sehr geschickt den lokalen Gegebenheiten an. Mit Ausnahme der Wüstengebiete bevölkern die Elefanten in Afrika alle Landschaftstypen. So erstaunlich diese Tatsache angesichts der schweren Gestalt des größten Landtieres auch klingen mag, Elefanten sind sogar an den Hängen des Kilimandscharo oder des Mount Kenya in Höhen von über viertausend Meter angetroffen worden, während man sie mit etwas Glück auch auf Null-Höhe, zum Beispiel am Indischen Ozean, findet.

Wasser kann für die Herden ein begrenzender Faktor werden, denn die Tiere müssen mindestens einmal pro Tag trinken, tanken dann aber gleich hundertzwanzig und mehr Liter auf. Während der monatelangen Trockenzeit werden die Wasserlöcher zu den Brennpunkten ihrer Existenz. In ihrem Umkreis gehen sie in weiten Tages- oder Nachtmärschen auf Nahrungssuche, ehe sie vierundzwanzig Stunden später wieder zur Tränke zurückkehren.

Ihre Nahrung besteht hauptsächlich aus dem Blattwerk aller möglichen Pflanzen; sie können jedoch auch, falls in der entsprechenden Gegend nichts anderes vorhanden ist, über lange Zeit hinweg nahezu ausschließlich von Gras leben. Obwohl es sich die Dickhäuter allein wegen ihres Mengenbedarfs nicht leisten können, wählerisch zu sein, zeigen sie doch Vorlieben für bestimmte Pflanzenarten oder Früchte. Abgesehen von Wildfrüchten, wie zum Beispiel den berauschenden Palmfrüchten, gehören auch Bananen dazu. Und was eine Herde von Elefanten für eine Bananenplantage oder ein Maisfeld bedeutet, kann man sich leicht vorstellen. Früher versuchten die Eingeborenen, deren Felder von Elefanten heimgesucht wurden, die Dickhäuter durch Lärm und Tamtam zu vertreiben. Später versalzten die Farmer den Ernteräubern mit ein paar Schrotsalven in die Hinterteile den Spaß an den verbotenen Früchten. Und als vor zwei Jahren in Kenia eine Herde von über einhundert Elefanten aus der nordöstlichen Trockensteppe in den Farmgürtel des angrenzenden Hochlandes vorstieß, kamen die Erzengel dieses landwirtschaftlichen Edens mit Hubschraubern über die Dickhäuter und vertrieben sie im Tiefflug aus ihrem Paradies der hohen Hektarerträge. Jahrzehntelang wurden – und werden heute noch – die »Crop-Raider«, die Ernte-Frevler, ganz einfach auch von speziell für diese Aufgabe besoldeten Berufsjägern abgeschossen.

Mit dem Einsetzen der Pubertät im Alter von zwölf bis fünfzehn Jahren werden die jungen Bullen von den Kühen vertrieben. Eine Zeitlang folgen sie dem Familienverband noch in einigem Abstand, bevor sie sich mit anderen Bullen zu »Junggesellenklubs« zusammenschließen. Nur die voll ausgewachsenen Bullen suchen gelegentlich wieder für kurze Zeit die Herden der weiblichen Tiere auf, um die Paarungsbereitschaft der Kühe zu testen. Bei negativem Ergebnis oder nach erfolgter Paarung gehen die Bullen wieder ihre eigenen Wege.

In Notzeiten oder unter Streß schließen sich die einzelnen Gruppen manchmal zu großen Herden zusammen; vermutlich weil sich die Tiere, denen die Leitkuh weggeschossen worden ist oder die häufig vor Wilderern und Jägern flüchten mußten, im großen Verband sicherer fühlen. Bei Bedrohung durch Raubtiere oder Menschen bilden Elefanten oft eine gemeinsame Verteidigungsfront. Es gibt in der Natur wohl nur ganz wenige Schauspiele, die ähnlich eindrucksvoll wirken wie ein Wall dichtgedrängter, hochaufgerichteter Elefanten, aus dem die Stoßzähne wie kampfbereite Speere dem Feind entgegenblitzen.

Elefanten zeigen kein Territorialverhalten; ihre Heimatgebiete (home ranges) überlappen sich, ohne daß es deswegen irgendwelche Auseinandersetzungen zwischen den jeweiligen Gruppen gäbe. Die Heimatgebiete haben je nach geographischer Lage verschiedene Größen. Der Unterschied hängt von den Nahrungs- und Wasserbedingungen der betreffenden Landschaften ab. Im Manyara-Nationalpark mit seinem Pflanzen- und Wasserreichtum umfaßt das Heimatgebiet eines Familienverbandes zumeist weniger als 50 Quadratkilometer. Im westlichen Teil des Tsavo-Nationalparks durchwandern die Elefanten dagegen schon ein Heimatgebiet von 350 Quadratkilometern, während es im trockenen Tsavo-Ost sogar 1600 Quadratkilometer sind.

EIN KAMPF UND SEIN SIEGESPREIS

Friedlich grasend verteilte sich eine Elefantenherde über die sonnenverbrannte Ebene. Plötzlich rempelten sich zwei mächtige Bullen an, die beide an den Kühen Interesse zu haben schienen. Ein ärgerlicher Trompetenstoß, und schon krachten die Stoßzähne gegeneinander, verwickelten sich ihre Rüssel zu zwei kämpfenden Pythonschlangen und versuchten sie sich mit der ganzen Kraft ihrer Riesenleiber aus dem Weg zu stemmen. Sie drehten die Köpfe, stießen und schlugen mit immer wieder verhakelnden Stoßzähnen nacheinander, trennten sich, starrten sich einen Augenblick lang bewegungslos an und gingen dann erneut mit der Wildheit von Zyklopen aufeinander los. Die Kämpfer versuchten, sich mit den Rüsseln über den Rücken oder um die Köpfe zu fassen, um einen besseren Haltegriff für ihre Schubangriffe zu finden. Obwohl beide Tiere etwa gleich groß waren, zeigte sich einer der Rivalen bald überlegen. Der andere mußte seinem Andrängen immer öfter zur Seite ausweichen und verlor allmählich an Boden.

Die Pausen zwischen den einzelnen Waffengängen wurden länger. Nach einem weiteren Duell, bei dem die weißen Stoßzähne wie Säbel gegeneinanderklirrten, mußte der Schwächere der beiden Schwergewichtler nicht nur zur Seite ausweichen, sondern sich ganz abwenden, um eine Atempause zu gewinnen. Er stellte sich zwar noch einmal seinem Gegner, einem grauen Riesen von vielleicht sechs Tonnen Gewicht, doch als dieser ihn erneut mehrere Meter weit vor sich herschob, gab er den Kampf endgültig auf. Er drehte sich einfach um und ging davon. Der Sieger folgte ihm zunächst ein paar Schritte, blieb dann aber stehen, um sich ein Büschel Gras aus dem Boden zu reißen.

Der Kampf hatte, von vielen kleinen Pausen unterbrochen, etwa eine halbe Stunde lang gedauert. Beide Tiere zeigten keine Spuren irgendwelcher Verletzungen. Normalerweise gehen Kämpfe, mit denen die Bullen ihre Rangordnung aushandeln, unblutig aus. Unter jungen Bullen kommt es häufig zu derartigen Auseinandersetzungen, weil sie sich noch um die besten Plätze in der Hierarchie streiten beziehungsweise diese Plätze immer wieder gegen Herausforderer verteidigen müssen. Bei ausgewachsenen Tieren sind sie jedoch selten. Ich vermute daher, daß der heftige Kampf, den ich beobachtet hatte, mit den Kühen, oder genauer gesagt, mit deren Paarungsbereitschaft in Verbindung stand. Die Hitze der Kühe dauert etwa drei Wochen, empfängnisfähig sind sie jedoch nur für drei Tage. In dieser Zeit paaren sich die Kühe mit mehreren Bullen. Die Paarung selbst dauert nur knapp eine Minute.

Zwei Tage später fand meine Vermutung ihre Bestätigung: Abermals weideten mehrere Familienverbände auf dem Uferstreifen zwischen Akazienwald und See. Zwischen den Kühen zog der Sieger des vergangenen Kampfes umher und testete die Paarungsbereitschaft der weiblichen Tiere, indem er mit dem Rüssel ihre Genitalien berührte. Die Kühe sind nur selten paarungswillig und übergehen normalerweise mit völliger Gleichgültigkeit die gelegentlichen Annäherungsversuche der Bullen. Diesmal jedoch entdeckte der graue Riese bei einer Kuh positive Anzeichen. Er geriet in helle Aufregung, schüttelte den Kopf, trompetete und bedrängte die Kuh so ungestüm, daß diese mit eiligen Schritten vor seinem Ansturm flüchtete. Nicht zu weit allerdings; nach weniger als hundert Metern ließ sie sich von dem tobenden Bullen einholen, der ihr den Rüssel über die Schultern legte und aufstieg.

Nach dem urgewaltigen Zeugungsakt folgte ein weiteres Schauspiel von ebenso dramatischen Ausmaßen, denn nun gerieten die übrigen Elefanten in große Aufregung, rannten zu dem Paar hinüber, umdrängten es, schmetterten ein Konzert der schrillsten Dissonanzen in die Luft, stießen mit den Köpfen aneinander und verdrehten ihre Rüssel zu merkwürdigen Figuren. In diesem Durcheinander liefen unruhig die Kälber umher, die den wirbelnden Umzug hilflos über sich ergehen ließen. Im Mittelpunkt des wogenden Gedränges standen nahezu bewegungslos der Bulle und die Kuh.

Die Elefantenkühe bringen ihre Kälber nach einer Tragzeit von zwanzig bis zweiundzwanzig Monaten – der längsten überhaupt – zur Welt. Anhand der Kerben in ihrem Ohr ließ sich jene Kuh, die ich bei der Paarung beobachtet hatte, eindeutig identifizieren. Fast zwei Jahre später suchte ich daher anhand eines »Paßfotos«, das ich bei der Paarung aufgenommen hatte, nach dieser Kuh. Ich mußte lange suchen. Erst nach vier Wochen stieß ich eines Nachmittags im Endabasch-Gebiet auf das Tier. Ich erkannte es sofort und war froh, die Kuh wiedergefunden zu haben, denn ich hatte wegen der erfolglosen Suche schon zu fürchten begonnen, sie wäre Wilderern zum Opfer gefallen oder auf sonstige Weise verendet. Gleichzeitig mußte ich aber eine herbe Enttäuschung schlucken, denn von dem erhofften Kalb war nichts zu sehen. Sie zeigte auch keinerlei Anzeichen von Mutterschaft, wie etwa geschwollene Milchdrüsen. Die Paarung hatte also nicht zur Schwangerschaft geführt. Ich mußte meinen voreilig gefaßten Plan, für das zu erwartende Kalb fotografisch die Patenschaft zu übernehmen, aufgeben.

NEU IM BUSCH

Langsam schaukelte mein Wagen durch das Gelände. Ich steuerte auf einen Tümpel zu, an dessen Rand mir ein Steppenadler und ein Schreiseeadler aufgefallen waren, die sich um irgendeine Beute zu streiten schienen. Mit lautem Ächzen holperte der Landrover in ein Loch. Die beiden Raubvögel flogen erschreckt auf. Sie ließen ein paar große Hautlappen zurück. Erst als ich mir die dunkle Masse aus der Nähe ansehen konnte, erkannte ich, welch interessanten Fund ich vor mir hatte: Eine Elefantenkuh hatte hier die Nachgeburt verloren, mußte also vor kurzem irgendwo in der Nähe ein Kalb zur Welt gebracht haben. Da der Geburtssack bislang nur von den beiden Adlern gefunden, also erst vor kurzer Zeit ausgestoßen worden war, konnte die Kuh mit ihrem Neugeborenen noch nicht allzu weit entfernt sein.

Ich machte mich auf die Suche. Hohes Gras und dichtes Buschwerk erlaubten nur langsames Vorwärtskommen. Immer wieder hielt ich an, stieg auf das Dach und suchte mit dem Fernglas die Umgebung ab. Ein paar Impalas und dann zwei Warzenschweine, die mit pfeilgerade aufgerichteten Schwänzen durch die Büsche huschten, sonst nichts. Ich fuhr einen großen Halbkreis, innerhalb dessen ich die Herde vermutete. Nachdem ich mir bereits längere Zeit den Weg durch dichtes Gebüsch gebahnt hatte, tauchten vor mir plötzlich ein paar graue Rücken auf. Vorsichtig schob ich mich näher heran. Über eine größere Fläche verstreut grasten etwa zwanzig Elefanten. In dem unübersichtlichen Gelände war es selbst mit dem Feldstecher unmöglich, mehr als die Köpfe und Rücken der Alttiere auszumachen. Ich mußte noch dichter heran. Ein Bulle richtete sich hoch auf, breitete drohend seine Ohren aus und funkelte mich aus kleinen Augen mißtrauisch an. Unruhig scharrte er mit einem Vorderfuß über den Boden. Ich wartete ein paar Augenblicke lang vergeblich darauf, daß er sich wieder beruhigte, und versuchte dann, mich seitlich an ihm vorbeizuschmuggeln. Umsonst. Wie ein Panzer kam er angebraust. Erst zehn Meter von mir entfernt drehte er ab. Eine Welle starken Elefantengeruchs wehte herüber. In einem beeindruckenden Scheinangriff hatte der Bulle versucht, den Störenfried zu vertreiben. Um nicht die ganze Herde zu alarmieren, ging ich notgedrungen auf seinen energischen Vorschlag ein und zog mich zurück.

Später versuchte ich mein Glück noch einmal, indem ich die Herde in weitem Bogen umfuhr. Diesmal kam ich bis auf fünfzig Meter an die Hauptgruppe heran. Sofort fiel mir eine Kuh auf, die in angriffsbereiter Haltung zu mir herüberstarrte. Zwischen ihren Beinen entdeckte ich eine kleine, dunkle Gestalt, die durch das hohe Gras halb verborgen wurde. Doch als ich versuchte, den Wagen in eine günstigere Position zu bringen, wandte sich die Mutter aufgeregt zur Flucht. Die übrigen Tiere folgten ihr. Da ich die Herde nicht noch weiter beunruhigen wollte, blieb mir nichts anderes übrig, als sie aus größerem Abstand mit dem Fernglas zu beobachten. Nachdem sich die Kühe beruhigt hatten, begannen sie wieder zu grasen. Nur ab und zu gelang es mir, durch ein paar dünnere Stellen des Pflanzenwuchses einen Blick auf das im Vergleich zu seiner Mutter winzige Kalb zu werfen. Einmal versuchte es zu trinken. Es mußte sich weit aufrecken, um die hoch über ihm schwebende Milchquelle zu erreichen. Um sich besser strecken zu können, knickte es in den Hinterbeinen ein wenig ein und hob gleichzeitig einen Vorderfuß. Seine Bemühungen zeitigten nur kurzen Erfolg, dann drängte die immer noch leicht unruhige Kuh weiter.

Ich wollte die durch die Geburt ohnehin erregte Herde nicht länger stören und blieb zurück. Langsam driftete das Geschwader grauer Rücken, die zwischen den Büschen wie zwischen hohen Wellen auf- und niedertauchten, davon. Vielleicht ergab sich während der nächsten Tage die Chance, das Erstlingsfoto nachzuholen. So schnell wachsen Elefanten ja nicht.

Doch daraus wurde nichts. Auch am dritten, vierten oder fünften Tag nicht. In dem unübersichtlichen Gelände des Endabasch-Gebietes fand ich einfach die entsprechende Gruppe nicht wieder, sosehr ich auch nach ihr suchte. Erst einige Wochen später gelang es mir, ein paar Aufnahmen von einem wenige Tage alten Kalb zu machen, dem die Haut noch wie ein zu weit geschnittener Mantel um die Schultern schlackerte und dem wie die Stacheln eines Kaktusses lange Babyhaare aus dem Fell sprossen. Es machte einen etwas benommenen Eindruck und bewegte sich kaum je aus dem Geviert der Säulenbeine seiner Mutter. Als die Kuh ihr tägliches Spritzbad nahm, wurde es, unter ihrem Bauch stehend, gleich mitgeduscht. Das Neugeborene hatte einen älteren Bruder, der ihm die Milch wegtrank. Aus irgendeinem Grund, vielleicht wegen einer Entzündung, ließ die Mutter ihre beiden Jungen nur an einer Brust trinken. Und da war das ältere Kalb eben eindeutig im Vorteil. Das Neugeborene mußte warten, bis es an die Reihe kam.

Elefantenkälber sind schon recht groß, wenn sie auf die Welt kommen. Beide Geschlechter messen im Durchschnitt fünfundachtzig Zentimeter (Schulterhöhe) und bringen etwa hundertzwanzig Kilogramm auf die Waage. Pro Tag trinken diese Riesenbabys etwa zehn Liter Milch. Im Alter von einem Jahr passen sie der Mutter gerade noch unter den Bauch, mit zwei bis zweieinhalb Jahren beginnen ihnen die Stoßzähne zu wachsen, nachdem vorher die Milchzähne ausgefallen sind.

Im gleichen Alter werden sie allmählich auch entwöhnt, obwohl es da je nach Toleranz der betreffenden Kuh große individuelle Unterschiede gibt. Der Zeitpunkt der endgültigen Entwöhnung wird in den meisten Fällen durch die Geburt des nächsten Kalbes bestimmt, doch manche Kühe lassen ihre Kälber auch mit sechs, sieben oder acht Jahren noch saugen, so daß sie manchmal gleichzeitig zwei Kälber unterschiedlicher Größe tränken. Im

Gegensatz zu den meisten anderen Säugetieren befinden sich bei den Elefanten die Milchquellen zwischen den Vorderbeinen. Bei einem großen Kalb, dem schon recht kräftige Zahnspieße aus dem Oberkiefer sprossen, konnte ich heftige Reaktionen auf die Entziehungsversuche der Mutter beobachten: Es wollte trinken, stocherte ihr dabei aber mit den spitzen Zähnen so ungemütlich gegen die Rippen, daß sich die Kuh mehrmals abwandte. Mit lautem Grollen protestierte das Kalb gegen den Entzug der Brust und folgte hartnäckig jeder Drehung, bis es schließlich saugen durfte. Doch bald mußten ihm die wachsenden Stoßzähne den vertrauten Zugang zur Milchquelle endgültig versperren.

Von zartester Kindheit an zeigen die kleinen Bullen vorpubertäres Sexualverhalten, steigen sich gegenseitig sowie den weiblichen Kälbern auf den Rücken, wobei sie sich in ihrer Unschuld auch durch erhebliche Größenunterschiede nicht beeinflussen lassen. In den ersten Lebensjahren genießen die Kälber innerhalb ihres Familienverbandes weitgehend Narrenfreiheit. Sowohl die Erwachsenen als auch die Halbwüchsigen zeigen sich sehr nachsichtig gegenüber ihrem Übermut. Gegen Abend, wenn die Hitze allmählich nachläßt, werden die Jungen lebhaft. Sie lösen sich aus der Aufsicht ihrer Mütter und versammeln sich zu kleinen Sandkastenclubs. Einmal sah ich, wie ein kleines Kalb eine ganze Herde durcheinanderbrachte, indem es zwischen den friedlich weidenden Tieren umherlief und aus voller Lunge schrie. Aufgeregt scharten sich die Kühe um das vermeintlich bedrohte Junge, konnten aber keinen Feind entdecken. Das Kalb hatte wohl nur seine Lebensfreude hinausposaunt.

Besonders bei der Begegnung zweier Familienverbände geraten die jeweiligen Kälber in Aufregung. Sie laufen aufeinander zu, begrüßen sich, indem sie sich die Rüssel entgegenstrecken, beschnüffeln sich, drehen sich umeinander – und schon ist die schönste Balgerei im Gange. Eines Nachmittags entwickelte sich aus einer dieser Begegnungen ein heftiger Streit zwischen zwei kleinen Bullen. Die beiden Dreijährigen rangelten hartnäckig miteinander, verdrehten ihre Rüssel zu dicken Knoten, preßten ihre Köpfe gegeneinander und versuchten sich mit aller Kraft wegzuschieben, knurrten, stöhnten, boxten dem Gegner die Stirn gegen Bauch und Hintern, kurzum, sie waren so ausschließlich damit beschäftigt, sich gegenseitig die Ohren langzuziehen, daß sie darüber völlig ihre Umwelt vergaßen. In einer Kampfpause blickten sie jedoch auf und bemerkten, daß sie allein waren. Die beiden Gruppen hatten sich längst wieder getrennt und waren in verschiedene Richtungen weitergezogen. Sie grasten schon in einiger Entfernung von den beiden streitenden Jungtieren, die plötzlich allen Kampfesmut verloren, sich unentschieden trennten und mit flatternden Ohren und fliegenden Schwänzen so schnell, wie sie nur laufen konnten, zu ihren Familienverbänden davonrannten. Der Zufall führte einen der beiden Kämpfer dicht an meinem Landrover vorbei. Dieser Anblick schien seine Panik noch zu verstärken, denn er schrie laut auf, rannte auf mich zu, als wollte er den Wagen in Grund und Boden stampfen, drehte aber nach wenigen Metern wieder um, ließ seine Wut und Angst an einem Busch aus, dem er mit seiner Rückfront ein paar Zweige zerbrach, bevor er ein zweites Mal laut schreiend auf mich losstürmte. Die übrigen Elefanten zeigten ebenfalls Unruhe. Mit erhobenen Köpfen starrten sie herüber. Obwohl ich mich völlig schuldlos fühlte, war mir die ganze Sache sehr peinlich. Ich kam mir vor wie ein hungriger Sittenstrolch, der in einer öffentlichen Parkanlage versucht hat, einem Säugling die Flasche zu klauen, und sich plötzlich von den Gouvernanten entdeckt fühlt. Eine jüngere Kuh, vermutlich die Schwester, eilte dem kleinen Bruder zu Hilfe, beruhigte ihn und führte ihn schließlich zur Herde zurück.

Die Mutter-Kind-Beziehung wird auch bei den Elefanten durch häufigen Berührungskontakt geprägt. Dabei spielt natürlich der Rüssel eine große Rolle. Das Kalb betastet seine Mutter damit, faßt ihr ins Maul, lernt auf diese Weise auch den umfangreichen Speisezettel kennen und atmet durch die langen Nasenrohre ihren Geruch ein. Umgekehrt führt die Mutter ihr Kalb gelegentlich mit dem Rüssel, faßt ihm bei Aufregung in den Mund und beruhigt es auf diese Weise oder läßt es durch die Berührung einfach ihre mütterliche Existenz spüren und gibt ihm dadurch Sicherheit und Geborgenheit.

Trotz oder vielleicht gerade wegen ihrer großen Körperkraft gehen Elefantenmütter sehr sanft und freundlich mit ihren Kälbern um, obwohl sie durchaus nicht völlig selbstlos sind. Das zeigt sich am deutlichsten in knappen Zeiten: Während langer Dürreperioden versickern die Flüsse und trocknen die Wasserlöcher zu staubigen Erdpfannen aus. Dann graben die Elefanten Grundwasserbrunnen in den Sand der Flußbetten. In diesen Sandlöchern sammelt sich das Wasser nur langsam, und es dauert lange, ehe sich eine Kuh den Rüssel vollsaugen kann. Die ungeduldigen Kälber wollen nicht warten, tauchen ihre Rüssel zum Boden des Brunnens hinab und versuchen der Mutter das Wasser wegzutrinken. Durch ihr Ungestüm wird die Höhlung häufig wieder verschüttet. Die Mutter bemüht sich daher, ihr Kalb vom Wasserloch fernzuhalten, bis sie sich satt getrunken hat. Sie schiebt es mit dem Rüssel oder den Stoßzähnen beiseite und versperrt ihm auch mit gestrecktem Vorderbein den Zugang. Das kann zehn- oder zwanzigmal so gehen, denn das durstige Kalb versucht immer wieder, diese Barriere zu überwinden. Es gelingt ihm oft für kurze Zeit, während die Kuh den Kopf hebt, um sich das Wasser aus dem vollgesogenen Rüssel in den Rachen laufen zu lassen, aber im nächsten Augenblick wird das Kalb erneut beiseite geschoben. Auch dieses Geduldsspiel findet normalerweise in aller Freundlichkeit statt. Nur ein einziges Mal sah ich, wie eine Kuh ihr Kalb mit einem zornigen Schwung der Stoßzähne so heftig zur Seite schaufelte, daß das Jungtier vor Schmerz und Schrecken laut aufschrie. Später bemerkte ich, daß es aus dem Mund blutete. Derartige Fälle von Kindesmißhandlung sind unter Elefanten jedoch sehr selten. Normalerweise umsorgen Mütter und auch ältere Schwestern die Kälber mit rührender Sorgfalt, wie auch folgende Begebenheit zeigt: Ein Kalb hatte sich ausgiebig im Morast eines Schlammloches gewälzt und konnte mit seinen glitschigen Füßen den steilen Ausstieg nicht mehr bewältigen. Mehrmals rutschte es ab. Schließlich quäkte es ängstlich um Hilfe. Sofort eilten Mutter und Schwester zu seiner Rettung herbei. Mit ihren Rüsseln hakten sie es am Hinterteil unter und hievten es auf sicheren Grund.

Wie stark sich unter Elefanten die Mutter-Kalb-Bindung ausprägt, zeigt auch die Tatsache, daß bei der großen Dürre im Tsavo-Gebiet, der 1970/71 nahezu 6000 Elefanten zum Opfer fielen, hauptsächlich Kühe und Kälber umkamen. Die geschwächten Kälber schränkten den Aktionsradius der Familienverbände um die wenigen verbleibenden Wasserstellen auf bereits kahlgefressene Gebiete ein. Dadurch wurden auch die Kühe immer hinfälliger, blieben aber bei ihren sterbenden Kälbern und verendeten schließlich selbst. Die Bullen dagegen waren rechtzeitig in günstigere Gebiete abgewandert und dem Tod entronnen.

DER ERSATZFEIND

Es ist gar nicht so einfach, auf einem Elefantenpfad entlangzufahren, denn die Dickhäuter setzen beim Gehen ihre runden Plattfüße ziemlich genau voreinander. Ihre Wege sind daher nicht viel breiter als vierzig oder fünfzig Zentimeter, und das reicht gerade nur für die eine Seite des Landrovers. In dem Pflanzendickicht des Endabasch-Gebietes war es besonders schwierig, den engen Kurven der Pfade zu folgen, so daß ich mich notgedrungen mit der Stoßstange durch die Büsche pflügen mußte. Ich war einer Gruppe auf der Spur, die ich am Morgen an einem Wasserloch entdeckt hatte und die jetzt, am frühen Nachmittag, wieder in die dichte Vegetation zurückwanderte. Immer wieder verschwanden die Tiere zwischen hohen Büschen, die so eng beieinander standen, daß ich ihnen nicht folgen konnte. Dann mußte ich diese Inseln mühsam umrunden, in der Hoffnung, sie auf der anderen Seite wiederzufinden. Ich hatte gerade ein Flußbett durchquert und bahnte mir auf der anderen Seite langsam den Weg durch den Buschdschungel, der wie ein Gürtel eine Gruppe von Bäumen umstand, als plötzlich ein Elefant vor mir auftauchte. Er fetzte mir einen schrillen Trompetenstoß entgegen und stürmte auf den Wagen los. Krachend walzte er ein paar Büsche nieder, stoppte seinen Angriff aber in sechs oder sieben Metern Entfernung, um dafür um so heftiger einen Sprößling zu attackieren, der ihm zufällig in die Quere kam. An diesem unschuldigen Bäumchen ließ er seine ganze Wut aus, die eigentlich mir galt. Beim Vorstoß auf die vierrädrige Blechkiste hatte ihn im letzten Augenblick der Mut verlassen – und deswegen mußte jetzt der Baum als Blitzableiter herhalten. Wie ein Ringer wickelte er seinen Rüssel um den dünnen, aber zähen Stamm und drückte ihn wuchtig zu Boden. Doch kaum hatte er seinen doppelten Nelson gelockert, um wieder zu mir herüberzustarren, da schnellte der biegsame Schößling in seine alte Lage zurück. Erneut ging der Bulle auf seinen stummen Gegner los, fegte mit den Stoßzähnen gegen das Holz, wirbelte herum und trat mit dem linken Hinterbein gegen die Äste, trompetete, schrammte mit dem Elfenbein über die Rinde und rang seinen Widersacher ein zweites Mal nieder. Zwischendurch funkelte er mich aus kleinen Augen an. Mein Anblick gab seiner Wut offensichtlich neue Kraft, denn abermals stürzte er sich mit erschreckender Gewalt auf seinen Ersatzgegner, dessen Krone schon arg zerfleddert zur Seite hing. Er umkreiste den Baum, warf in wildem Wüten den Kopf hin und her, so daß ihm die Ohren mit dumpfem Knallen um die Schultern klatschten, trompetete, ließ Holz splittern, trompetete noch wilder.

Der Schweiß stand mir auf der Stirn. Mit etwas mehr Mut hätte er bei diesem vernichtenden Jähzorn auch aus meinem Landrover Kleinholz machen können. Endlich hatte der Bulle den jungen Baum entwurzelt. Er hob ihn hoch, schüttelte ihn und ließ den besiegten Feind wieder fallen. Anschließend stürmte er auf ein paar Büsche los, durchbrach krachend den grünen Vorhang und war verschwunden. Nur wenige Sekunden später blitzten seine Stoßzähne zwischen den Ästen zu meiner Linken auf, aber auch diesmal wagte er nicht den entscheidenden Angriff, sondern verschwand nach kurzem Drohen. Diesmal kam er nicht zurück. Doch sein Rumoren klang aus verschiedenen Richtungen durch die Blätterkulissen. Noch mehrmals hörte ich seine Trompetensignale, bevor es allmählich wieder stiller wurde.

Bei anderer Gelegenheit konnte ich abermals diese Ableitung der Angriffswut von ihrem auslösenden, aber gleichzeitig gefürchteten Ziel auf einen harmlosen Gegenstand beobachten. Auch diese Szene spielte sich in dem unübersichtlichen Wildwuchs des Endabasch-Gebietes ab. Vorsichtig näherte ich mich einer Ansammlung von Kühen, die einige sehr junge Kälber mit sich führten. Der Familienverband war Teil einer größeren Herde, die sich weit über das Gelände verteilt hatte. Eine der Kühe nahm mir meine Annäherungsversuche übel. Sie schüttelte den Kopf, rollte den Rüssel vor die Brust und kam unter vollen Segeln angerauscht. Wenige Meter von dem Wagen entfernt verließ sie zum Glück der Mut. Sie machte ihrer Empörung in einem lauten Trompetenstoß Luft und wich dann zur Seite aus. Für kurze Zeit hörte ich sie in der Nähe durch die Büsche stampfen, bevor sie plötzlich aus anderer Richtung erneut auf mich loswalzte. Abermals schwenkte sie kurz vor dem Ziel ab. Diese Attacken wiederholten sich mehrere Male. Nach ihrem letzten Vorpreschen fiel sie plötzlich über einen Wurzelstock her, riß ihn wütend aus dem Boden und schleuderte ihn schwungvoll über den Rükken. Erneut tauchte sie zwischen den Büschen unter. Die übrigen Elefanten grasten friedlich weiter. Nur vereinzelte Trompetensignale gaben mir einen Hinweis auf den Weg der Angreiferin. Plötzlich hörte ich aus der Richtung ihrer letzten Standortmeldung Stoßzähne gegeneinanderschlagen. Vorsichtig suchte ich mir eine Bahn. Zwei- oder dreimal verlor ich die Spur, doch jedesmal, wenn ich anhielt, hörte ich wieder das Geräusch des aufeinanderprallenden Elfenbeins. Am Rande einer verkrusteten Suhle fand ich die Kuh. In spielerischer Rangelei kreuzte sie die Waffen mit einem mächtigen Bullen. Diesmal schenkte mir die Kuh keinerlei Beachtung, obwohl ich mich recht dicht heranarbeitete. Mehrmals schoben sich die beiden Tiere mit ineinander vergabelten Stoßzähnen vor und zurück. Doch schließlich drängte der Bulle die Kuh zur Seite. In typischer Paarungsgeste legte er ihr den Rüssel über den Rücken. In ihrem heftigen Spiel verloren sich die Tiere erneut zwischen den Büschen. Aber die unverkennbare Erregung des Bullen deutete darauf hin, daß sich die Kuh in Hitze befand. Dieser Zustand konnte natürlich auch ihre besondere Aufregung und die wiederholten Angriffe erklären. Das Losbrechen eines Gewittersturmes hinderte mich daran, die beiden Elefanten weiter zu beobachten. Mit plötzlicher Wucht senkte sich ein Regenvorhang über die Landschaft und ließ jede weitere Suche unmöglich werden.

BESUCH AUF DEM KÜHLER

Eines Nachmittags saß ich in meinem Wagen, den ich zwischen ein paar Büschen am Rande eines Teiches versteckt hatte, und beobachtete eine Gruppe von Elefanten, die in dem kühlen Wasser ihr tägliches Bad genossen. Die Sonne brannte stechend heiß vom Himmel, die Temperatur mochte siebenunddreißig Grad betragen, und ich fühlte mich in meiner großen vierrädrigen Bratpfanne bereits halb gargeschmort und beneidete die planschenden Dickhäuter um jeden Wasserstrahl, den sie sich über den Rücken duschten. Doch es blieb mir nichts anderes übrig, als ihr Planschen, Prusten und Platschen, ihre genüßlichen Badefreuden eben, durch die Kamera zu verfolgen. Ich war tief in die Betrachtung dieses idyllischen Schauspiels versunken, als plötzlich irgend jemand ganz sacht gegen die Fensterscheibe meines Landrovers klopfte. Ich blickte auf – und sah mich einer Schlange gegenüber, die auf der anderen Seite des Glases ihren zierlichen Kopf hin und her wiegte! Während ich sie überrascht ansah, züngelte sie ein paarmal mit ihrer schwarzen Gabelzunge. Als ich mich von meiner ersten Verblüffung erholt hatte – schließlich empfing ich nicht jeden Tag derartigen Besuch auf der Kühlerhaube –, beugte ich mich ein wenig vor, um mir den Rest des Reptils näher anzusehen. Sie mochte ungefähr eineinhalb Meter messen und trug ein feinmaschiges Schuppenkleid aus hellem Schilfgrün, von dem sich lediglich die weiße Bauchseite abhob. Ich wußte nicht, ob sie giftig war. Sie mußte sich nur zwanzig Zentimeter weiter nach rechts schlängeln, dann konnte sie durch das große, offene Rechteck, das durch den Ausbau von Fenster samt Rahmen auf der Fahrerseite entstanden war, hereingleiten. Begeistert war ich von dieser Vorstellung nicht, denn obwohl es sich um eine ausnehmend schöne Schlange handelte, wollte ich sie nicht unbedingt aus allernächster Nähe kennenlernen. Was tun? Aussteigen oder den Motor anlassen konnte ich nicht, denn das hätte möglicherweise die Elefanten vertrieben, die ich noch weiterhin beobachten wollte. Wieder berührte die Schlange mit ihrem Kopf suchend die Scheibe. Da kam mir ein Gedanke – im gleichen Rhythmus und ebenso leise klopfte ich zurück. Die Wirkung war erstaunlich: Die in Schlangenhaut verkleidete Buschprinzessin erschrak nun ihrerseits genauso deutlich wie ich bei ihrem ersten Anklopfen und flüchtete sich mit ein paar flinken S-Kurven zur Vorderseite des Kühlers, wo sie durch einen Spalt im Motorraum verschwand. Ich atmete erleichtert auf, denn nun konnte ich mich wieder den Elefanten zuwenden.

Am Abend erzählte ich im Camp von diesem kleinen Vorfall. Rashids dunkelhäutiges Gesicht erhellte sich zu einem strahlenden Lächeln: »Das bringt Glück!« sagte er. »Bei uns heißt es: Besucht eine Schlange dein Zelt oder Haus, so bedeutet das Glück; kommt jedoch ein Löwe ins Zelt, so bringt das Unglück!« Das konnte ich mir auch gut vorstellen und war froh, daß statt eines Löwen die glückbringende Schlange auf den Kühler gestiegen war.

KLEINER ZWISCHENFALL

Im südlichen Teil des Manyara-Parks hat sich der Endabasch-Fluß eine Klamm in die steil aufragende Wand des großen Ostafrikanischen Grabenbruchs gesägt, durch die aber jetzt – auf dem Höhepunkt der Trockenzeit – nur ein bescheidener Bach zu Tal fiel. Wie verloren schlängelte er sich durch die Felsquader, die am Grunde des Falles aufgetürmt lagen. Nachdem es die letzte Felsstufe hinuntergeschäumt war, verlor das Wasser in dem flachen Sandbett nach wenigen Metern seinen Schwung und versickerte im Untergrund. Oft kamen abends die Elefanten aus dem umliegenden Busch zu dieser Stelle, um zu trinken.

Ein kranker Bulle, dessen linkes Vorderbein stark angeschwollen war und der sich deswegen nur mühsam bewegen konnte, hatte in der Nähe dieser einzigen Wasserstelle im Umkreis sein Krankenquartier bezogen und verbrachte seine Tage im Schatten einiger Büsche, die den Fuß der Felsenkaskaden säumten.

Ich wollte einen Beobachtungsplatz zwischen den Granitblöcken oberhalb der Wasserstelle ausfindig machen. Ein Ranger, der ein Gewehr unter dem Arm trug, begleitet mich bei meiner Suche. Vorsichtig umgingen wir das Versteck des kranken Elefanten, in dem dieser bewegungslos vor sich hin döste. Das Atmen des schlafenden Tieres klang so ähnlich, als ob ein Taucher durch einen Schnorchel Luft holt. Am Fuße der Felsen ließ ich meine Sandalen stehen, um besser klettern zu können. Kaum hatten wir den ersten Absatz erklommen, als der kranke Bulle plötzlich seine Büsche verließ und, unseren Spuren folgend, auf die Steinquader zuhumpelte. Auf einem dieser Blöcke hatte ich meine Sandalen abgestellt. Der Elefant fand sie, beschnüffelte den einen kurz mit der Rüsselspitze und schleuderte ihn unvermittelt in hohem Bogen durch die Luft, um ihm sofort den zweiten nachzuschicken. Ich konnte diese kleine Szene aus sicherer Felsenloge in allen Einzelheiten mitverfolgen. Mein Begleiter grinste schadenfroh.

Ich fühlte mich zunächst von der herzlosen Art und Weise, mit der der Elefant meine Sandalen behandelt hatte, beleidigt, doch dann fiel mir ein, daß die treuen Freunde meiner Füße im Laufe der Jahre vielleicht einen starken – sagen wir mal – Eigengeruch angenommen haben mochten, der auch die Besitzer weniger empfindlicher Nasen als die langen Riechwege eines Elefanten zu Rachetaten hätten herausfordern können. Ein wenig beschämt beschloß ich, meine Sandalen in Zukunft nicht mehr in Rüsselreichweite eines Elefanten stehenzulassen.

Im übrigen verlief unsere kleine Expedition erfolgreich. Wir fanden einen idealen Beobachtungsstand genau oberhalb der Wasserstelle. Doch wie es der Zufall wollte, kamen die Elefanten an diesem Tag erst dann zur Tränke, als das letzte »Büchsenlicht« für meine Teleobjektive längst nach Westen abgewandert war. Während der Wartezeit sah ich mir das Gewehr des Rangers ein wenig näher an. Auf dem Schloß fand ich zu meinem Erstaunen folgende Gravierung:

Mauser – Modelo Argentino – 1909 – A 5009
Deutsche Waffen- und Munitionsfabriken Berlin.

Ich wurde also mit einem Karabiner beschützt, der noch aus den Waffenkammern des ehemaligen Deutsch-Ostafrika stammte; und da mir dieser Schießprügel doch schon fast in einen Antiquitätenladen zu gehören schien, fragte ich den Ranger vorsichtshalber, ob er mit dieser kaiserlichen Waffe denn überhaupt noch schießen könnte. »O ja!« antwortete er mit einem strahlenden Lächeln, »wie mit einer Kanone«, und fügte nach einer kleinen Pause, während der er diese Offenbarung ihr volles Gewicht gewinnen ließ und während der ich mit großem Respekt die Waffe wie ein heißes Eisen auf den Boden legte, hinzu: »Aber du brauchst keine Angst zu haben, ich habe sowieso keine Munition.« Na, und da hatte ich denn auch keine Angst mehr.

Elefanten reagieren, wie ich häufiger zu meinen Ungunsten feststellen mußte, empfindlich auf fremde Gerüche. Am deutlichsten wurde mir das bei einer anderen kleinen Geschichte klar, die ich im Selous-Gebiet erlebte: Mitten im See buckelte sich eine Insel wie der übergroße Rücken einer Schildkröte aus dem Wasser. Ein paar grüne Büsche und ein einzelner Baum teilten sich das kleine Eiland. Im Schatten dieses Baumes stand ein Elefantenbulle. Mit abgestelltem Motor näherte sich unser Boot vorsichtig der Insel – mit lautlosen Paddelschlägen trieb Ndege, der Bootsmann, das Kanu vorwärts. Es knirschte leise, als der Kiel auf dem Sand auflief. Der Dickhäuter schien uns noch nicht bemerkt zu haben oder nahm zumindest keine Notiz von uns. Die wenigen Büsche, die sich zwischen dem Standplatz des Bullen und unserer Landestelle auffächerten, als Deckung benutzend, schlich ich mich langsam näher, die Kamera schußbereit in den Händen. Hinter mir duckte sich ein Wildhüter mit entsichertem Gewehr.

Der Wind stand gegen uns, so daß ich bis auf etwa zehn Meter an den grauen Riesen herankam, ohne daß er mich bemerkte. Langsam richtete ich mich auf und nahm durch eine Blätterlücke Maß. Hell hoben sich die Stoßzähne von der dunklen Gestalt ab. Mit bedächtigen Bewegungen sammelte sich der Bulle ein paar der aus der Krone gefallenen Früchte auf. Ich drückte auf den Auslöser – es klickte leise, doch dieses Klicken war laut genug, um den Einzelgänger aus seinem Halbschlaf zu reißen. Er wandte seinen Kopf in meine Richtung, klappte drohend die Segelohren in Alarmstellung, stellte seinen Rüssel in die Luft und sog prüfend die Witterung ein. Diese Pose wollte ich mir nicht entgehen lassen. Um ein paar störende Äste aus dem Sucherfeld zu entfernen, kroch ich noch einen weiteren Meter vor. Der Bulle drehte mißtrauisch den Kopf hin und her – jetzt starrte er voll in die Kamera! Ich drückte ein zweites Mal ab. Diesmal fühlte sich der Elefant von dem metallischen Geräusch, das sich zwar nur leise, aber dennoch deutlich von allen anderen Geräuschen des afrikanischen Morgens abhob, ernstlich beleidigt, und diesmal hatte er auch die Richtung ausmachen können, aus der diese Ruhestörung an seine Ohren drang. Er unternahm sofort die notwendigen Schritte, um den Störenfried zu vertreiben. Schnelle Schritte! Wie ein wütender Panzer kam er auf mich zugestürmt: ein schaurig-schönes Bild, nur hatte ich leider keine Zeit, die Szene einzufangen, denn meine Beine waren längst davongestürzt – ich rannte wie ein Hase, rannte schneller als ein Hase, denn hier ging es um mehr als um jene Wette mit dem Igel.

Ndege war schon in aller Hast dabei, das Boot ins Wasser zurückzuschieben, und unser dritter Mann lief neben mir. Zum Glück verzichtete der Bulle darauf, uns samt Kamera und Gewehr in den See springen zu lassen, und begnügte sich mit einem eindrucksvollen Achtungserfolg. Zehn bis zwölf Meter vom Boot entfernt stoppte er seinen Angriff. Da Ndege keine Zeit geblieben war, den Motor anzuwerfen, trieben wir ziemlich hilflos nur zwei, drei Meter vom Ufer entfernt auf dem Wasser. Der Elefant hätte unsere Nußschale also mit Leichtigkeit versenken können. Zu voller Größe aufgerichtet, starrte er zu uns herüber. Er war wieder unbestrittener Herr der Insel.

AUF DER VERANDA

Abends saß ich oft auf der Veranda meiner kleinen Banda (Suaheli: Hütte) und schaute mir die Sterne an. Gelegentlich kletterte ich auch auf das Dach meines Landrovers, um von dieser privaten Sternwarte aus meine Augen über den Himmel wandern zu lassen. Nicht daß mir dort aufregende Entdeckungen gelungen wären, sieht man einmal von den Sternschnuppen ab, die hin und wieder eine lange Glutspur durch die Dunkelheit brannten, sondern es machte mir ganz einfach Spaß, meine Phantasie kreuz und quer von einem Leuchtpunkt zum nächsten irren zu lassen.

Meine Unterkunft bestand aus zwei kleinen Kammern, die mir die Parkverwaltung für meinen Aufenthalt in Manyara freundlicherweise zur Verfügung gestellt hatte. Sie lagen auf dem rechten Flügel einer kleinen Gruppe von Gebäuden, die den Musasa-Wildhüter-Posten bildeten. Meine Nachbarn waren drei Wildhüter, die tagsüber zu Fuß durch den Park patrouillierten. Die Station lag auf einer Anhöhe, die einen weiten Blick über das Parkgelände und den See gewährte. Rechter Hand, etwa hundert Meter entfernt, rauschte der Musasa-Fluß einige Felsstufen hinunter. Zwischen dem Fluß und den Bandas zog sich ein Elefantenpfad, der in das schmale Bergtal hineinführte, das sich schräg hinter den Gebäuden zwischen zwei Hügeln öffnete. Manchmal mußte ich mir bei meiner Rückkehr abends den Weg durch eine Herde von Elefanten bahnen, die auf der Fläche vor der Station grasten, bevor sie in das Tal hineinzogen, dessen dichtbewachsene Hänge ihnen reichlich Nahrung boten. An diesen Abenden genoß ich, während ich auf der Veranda meinen ersten Tee trank, ein Schauspiel ganz besonderer Art: Knapp fünfzig Meter entfernt schoben sich in langer Reihe zwanzig oder fünfundzwanzig, manchmal auch noch mehr Elefanten aller Größen vorbei. Nahezu lautlos schritten die dunklen Riesen durch die Dämmerung. Die Anwesenheit von Menschen schienen sie nicht wahrzunehmen, so ruhig und gelassen trotteten sie vorüber.

Eines Nachts weckte mich sanftes Kratzen an der Hauswand. Leise trat ich vor die Tür, um mich nach dem Urheber dieses Geräusches umzusehen, und hatte plötzlich ein Stachelschwein im Schein der Taschenlampe, das schnüffelnd nach irgendwelchen Abfällen suchte. Es ließ sich nicht im geringsten durch den Lichtkegel stören, sondern kam, geschäftig hin und her stöbernd, bis auf einen Meter an meine Beine heran. Aber als ich ihm mit ein paar vorsichtigen Schritten den Weg freimachen wollte und dabei gegen einen Kanister stieß, erschrak mein nächtlicher Besucher beim Klang des Metalls so sehr, daß er sich blindlings zur Flucht wandte; noch als er längst in der Dunkelheit verschwunden war, verrieten die beim Laufen rhythmisch gegeneinanderprasselnden Stacheln seinen Weg. Ein andermal weckten mich prustendes Atmen sowie laute Rupfgeräusche. Vor der Tür standen zwei Elefanten und weideten im Mondlicht »meinen« Vorgarten leer.

AN DER TRÄNKE

Zu einer grauen Phalanx aufgereiht, standen zwölf Elefanten nebeneinander am Musasa-Fluß. In unregelmäßigen Abständen senkten die Tiere jeweils ihren Rüssel zum Wasser hinunter, sogen ihn voll, steckten sich die Spitze wie einen Gartenschlauch ins Maul, hoben den Kopf und ließen sich das Wasser langsam in den Schlund rinnen. Ein ausgewachsener Elefant kann pro Hub bis zu zehn Liter Flüssigkeit aufnehmen, hat jedoch auch einen Tagesbedarf von über einem Hektoliter.

Jedes Tier goß sich zehn oder auch mehr Rüsselfüllungen in den Schlund, bevor sein Durst gelöscht war. Zwischendurch spritzten einige Jumbos spielerisch mit dem Wasser umher. Sie drückten die beiden Rüsselfinger in der Mitte zusammen, so daß zwei Strahlen seitlich aus den Nasenöffnungen schossen; andere pflügten, ihren Rüssel als übergroßen Rührstock benutzend, breite Wasserfächer aus der Oberfläche auf. Zwei kleine, noch nicht ganz einjährige Kälber schlenkerten ungeduldig ihre Nasenschläuche zwischen den rotbraunen Wellen. Offensichtlich ahmten sie das Verhalten der Alttiere nach, hatten jedoch noch nicht den komplizierten Trinkmechanismus begriffen und planschten daher hilflos im Wasser herum. Schließlich kam einer von ihnen auf die Idee, sich die tropfende Rüsselspitze in den Mund zu stecken und sie abzulutschen. Ein erster Schritt des Lernprozesses, der nach langer Übung zum selbstverständlichen Gebrauch des Rüssels als Trinkschlauch führt. Das andere Kalb beugte sich, vom Durst getrieben, mit dem Kopf zum Wasser hinab und trank unmittelbar mit dem Mund. Um in dieser schwierigen kopflastigen Lage nicht das Gleichgewicht zu verlieren, streckte es als Gegengewicht ein Hinterbein in die Luft.

Die Fähigkeit, den Rüssel in seiner ganzen Vielseitigkeit zu gebrauchen, ist den kleinen Elefanten nicht angeboren. Erst durch ständige Übung lernen sie, ihren Nasenmuskel mit all seinen tausend Möglichkeiten zu beherrschen. Der Rüssel vereint in einem Körperteil die Funktionen von Arm, Hand, Wasserpumpe, Schlammschleuder, Windmesser, Geruchssonde, Holzkran und... und... und... Der Rüssel stellt ein absolutes Meisterstück der Evolution dar, die aus dem Zusammenschluß von Nase und Oberlippe ein Körperorgan entwickelt hat, das sich in seiner extremen Beweglichkeit nur mit dem menschlichen Arm vergleichen läßt, diesem in einigen Bereichen sogar überlegen ist. Die weitgespannte Palette seiner Verwendungsmöglichkeiten, die von dem gezielten Herausrupfen eines einzelnen Grashalmes bis zum Umstoßen eines ausgewachsenen Baumes reicht, ergibt sich aus dem Zusammenspiel mehrerer tausend Muskeln. Die Koordinierung dieser Muskeln muß jedoch in langem Training erlernt werden; so kann man häufig sehr junge Kälber dabei beobachten, wie sie mit ihrem Rüssel hilflos in der Gegend herumschlenkern, sich gelegentlich sogar mit dem Fuß auf die eigene Nase treten. Bei den trinkenden Tieren fiel mir ein Bulle auf, der einen besonderen Trick gelernt hatte. Wie die anderen Elefanten auch sog er sich zunächst den Rüssel voll, spritzte sich dann das Wasser in den Schlund; am Ende dieses Vorgangs wippte er die Rüsselschlaufe jedoch ein paarmal auf und ab, so als ob er auch die letzten Tropfen aus der Nase schütteln wollte. Dieses ungewöhnliche Verhalten, das ich bei keinem anderen Elefanten bemerkt hatte, wiederholte er bei jedem einzelnen Trinkgang.

Während die übrigen Tiere langsam weiterzogen, blieb ein Bulle von vielleicht zwanzig bis fünfundzwanzig Jahren an der Tränke zurück. Er kniete im Wasser nieder, legte sich auf die Seite, tauchte völlig unter, kam wieder hoch, schwenkte den Rüssel, richtete sich wieder auf, stand eine Weile unschlüssig im Wasser und stieg dann an Land zurück. Dort löste er ein paar Erdklumpen aus dem schlammigen Boden, um sie sich über den Rücken zu werfen; andere stopfte er sich ins Maul und verschluckte sie. Er stand auf einem flachen Vorsprung unmittelbar am Wasser. Plötzlich begann er mit dem linken Vorderfuß in die Wellen zu treten, so daß ihm ein breiter Schwall gegen den Bauch platschte. Mehrere Minuten lang wiederholte er in regelmäßigem Rhythmus dieses Stampfen, veränderte dabei jedoch seine Stellung jeweils so, daß nacheinander alle vier Beine sein Wellenbad in Bewegung hielten. Besonders mit den Hinterbeinen trat er so geschickt und kräftig in die Pfütze, daß breite Fächer aufschwappten. Zwischendurch ließ er auch seinen Rüssel in großen Rundschlägen durch die aufgeschlammte Brühe kreisen. Später ging er ins Wasser zurück und nahm erneut ein Vollbad. Wieder am Ufer, ließ er nochmals das Wasser zu seinen Füßen zu kleinen Sturmfluten aufwallen. Insgesamt vergnügte er sich über eine Stunde lang mit diesen Spielereien.

Die übrigen Tiere waren längst aus dem Wald auf den baumlosen Uferstreifen hinausgetreten, der sich in wechselnder Breite am See entlangzog. Friedlich äsend driftete die Herde zum See hinunter. In der Zwischenzeit hatten zwei weitere Gruppen den Buschgürtel verlassen und näherten sich langsam dem Familienverband. Schließlich trafen sie aufeinander. Einige Tiere begrüßten sich, indem sie sich mit den Rüsselspitzen beschnüffelten, und nun verschmolzen die drei Familienverbände zu einer Herde von vierzig oder fünfzig Tieren aller Größenstufen. In der Nähe hatte der Musasa-Fluß sein Bett in die sandige Ebene gehobelt. Kurz bevor er in den See mündete, durchfloß er eine Schicht lehmigen Bodens. Als erste erreichten zwei halbwüchsige Bullen die Suhle. Sofort klaubten sie mit den Rüsseln kleine Portionen der weichen Erdmasse auf und bepflasterten sich schwungvoll Bauch, Rücken und Flanken. Doch damit nicht genug – über und über mit feuchtem Lehm bedeckt, ließ sich der kleinere von beiden plötzlich auf die Knie nieder und wühlte sich mit Füßen und Stoßzähnen tiefer und tiefer in den Morast. Wenige Augenblicke später wälzte sich der zweite Bulle neben ihm. Die

Blubber- und Saugtöne, die die beiden strampelnden, rudernden, rollenden Schlammferkel in ihrem riesigen Butterfaß erzeugten, lockten weitere Dickhäuter an. Einige Kühe stiegen mit ihren Kälbern in die Kuhle. Die Jungen streckten die Beine von sich und rutschten auf dem Bauch durch den weichen Erdbrei, versuchten sich auf den Rücken zu rollen, beschmierten sich den Kopf mit der dicken Paste und wanden ihre Rüssel wie Schlammaale durch den Untergrund.

Immer mehr Tiere drängten herbei. Sie verteilten sich den Schlamm so gründlich über den Körper, als gelte es, die alte graue Fassade mit einem frischen Verputz zu schmücken, oder legten sich ebenfalls in der Suhle nieder, die allerdings schon von dem wilden Durcheinander der Leiber, Ohren, Beine, Rüssel und Stoßzähne überquoll. Ein großer Bulle schritt würdevoll heran, schaffte sich wie selbstverständlich Platz, indem er die beiden Halbwüchsigen zur Seite schob, die zuerst dagewesen waren, und ließ sich prustend in dem Schlick nieder, der ihm wie schwarzer Teig unter dem Bauch emporquoll. Auch er wälzte sich auf die Seite und tünchte sich von Kopf bis Fuß mit einer dicken Lehmpackung ein, so daß zu guter Letzt nur noch der weiße Augapfel aus seiner Schlammaske hervorleuchtete. Schließlich stemmte er sich mühsam die Vorderbeine unter den Leib, saß einige Augenblicke in der Haltung eines Hundes da, zog dann bedächtig die Hinterbeine nach, wuchtete seine fünf Tonnen in die Höhe und stand wieder fest und sicher auf den Beinen, die wie frisch gemörtelte Säulen aus dem Morast ragten.

Sein Platz wurde sofort von einer Kuh mit halberwachsenem Jungen belegt. Auch diese beiden Tiere drängten sich zu den anderen in die Suhle, um erst zehn Minuten später mit frischem Lehmanstrich das Schlammbad zu verlassen. Die Kuh war nur wenige Schritte von der Senke entfernt, als sie auf einen kurzen, dicken Stock stieß. Mit den Rüsselfingern packte sie das eine Ende wie einen Bürstenstiel, um sich mit dem anderen mehrmals über die Brust zwischen den Vorderbeinen zu kratzen. Anschließend ließ sie dieses nützliche Werkzeug wieder achtlos fallen und wandte sich ein paar Grasbüscheln zu. Diese Art von Werkzeuggebrauch habe ich mehrmals beobachten können. Bei anderer Gelegenheit scheuerte sich ein großer Bulle mit einem Palmwedel die Flanken, ein weiteres Mal sah ich eine jüngere Kuh, die sich mit einem Ast ebenfalls mehrere Male über die Brust kratzte. Gelegentlich entdeckten einzelne Tiere auf Grund spielerischen Zufalls die Möglichkeit, ihren Rüssel mit einem Stock zu verlängern, und nutzten sie aus, wenn ihnen gerade mal ein passender Ast in die »Finger« kam. Als allgemeines Verhaltensmuster ist dieser Werkzeuggebrauch in Sachen Körperpflege allerdings nicht verbreitet. Die beobachteten Fälle zeigten jedoch ein weiteres Mal, welch ein vielseitiges »Arbeitsgerät« der Rüssel darstellt.

In diesem Zusammenhang scheint mir folgende Variante der Körperpflege der Dickhäuter interessant, die mir ein alter Bulle in der Nähe eines Termitenhügels vorführte. Nachdem er sich an dessen rauher Oberfläche gründlich gescheuert hatte, döste er zunächst ein paar Minuten vor sich hin. Plötzlich schreckte ihn wohl ein Kitzeln in der Nase aus seiner Ruhe, denn er stülpte den Rüssel mit dem linken Nasenloch auf einen Stoßzahn, dessen Spitze er sich etwa fünfzehn bis zwanzig Zentimeter tief in die Höhlung hineinschob, schraubte dann den Rüssel mehrmals hin und her. Dieses »Nasenbohren« verursachte quietschende Geräusche, die so ähnlich klangen, als ob ein Oberkellner einen hartnäckigen Korken aus der Flasche dreht. Das gleiche Spiel wiederholte er auch mit der anderen Nasenöffnung. Später konnte ich diese pfiffige Art der Nasenreinigung noch mehrmals beobachten. Wahrscheinlich dringen häufig Staub, Sand oder kleine Pflanzenteile in die Rüsselöffnungen ein und verursachen einen Juckreiz, dem der Elefant dann auf seine eigene Weise begegnet.

Elefanten werden stark von Zecken befallen, besonders in den Körperfalten, um das Maul herum, unter und am Rüssel und hinter den Ohren. Die Parasiten bohren sich mit dem Kopf in die Haut des Dickhäuters, die bei weitem nicht so dick ist, wie man angesichts dieses Spitznamens und angesichts der faltigen, ledern wirkenden Außenhülle annehmen sollte, und saugen sich langsam voll Blut. Wenn sie »reif« sind, hängen sie wie einzelne gelblichbraune Weintrauben an dem Wirtstier. Irgendwann lassen sie sich abfallen oder werden nach dem täglichen Schlammbad an einem Termitenhügel oder Scheuerbaum zerrieben. Einmal sah ich einen Elefanten, der versuchte, sich eine Zecke, die sich an seinem Kinn eingegraben hatte, herauszureißen. Er faßte sie mit den Spitzen seiner Rüsselfinger und zog vorsichtig an dem fetten Schmarotzer, konnte ihn aber trotz mehrmaliger Bemühung nicht lösen. Die Zecke hatte das Tauziehen gewonnen.

Auch folgende Beobachtung zeigt, wie dünnhäutig die Dickhäuter gelegentlich sein können. In ruhigem Schritt trottete ein dreijähriger Kleinbulle am Rande einer Suhle entlang. Plötzlich schüttelte er ärgerlich den Rüssel und vollführte mit den Vorderbeinen einen kleinen Luftsprung. Da ich keinen äußeren Anlaß für seine überraschende Heftigkeit erkennen konnte, vermutete ich, daß ihn eine der zahlreichen Tsetsefliegen oder eine große Bremse hinters Ohr gestochen hatte. Das tägliche Schlammbad dient also vor allem dazu, durch Auftragen einer zusätzlichen Schutzschicht die schmerzhaften Überfälle der Parasiten abzuwehren.

Nach Beendigung ihres Schlammbades zogen einzelne Elefanten zu einem toten Baum hinüber. Sein glattpolierter Stamm zeugte davon, daß die Dickhäuter hier häufiger vorüberkamen und jedesmal die Gelegenheit nutzten, sich ausgiebig die Haut zu schuppern. Ein schlammbepflasterter Bulle, der in seinem schwarzen Glanz so aussah, als ob ein Stück Nacht an ihm kleben geblieben wäre, klemmte sich den Stamm hinters Ohr und scheuerte mehrere Male an dem runden Holz entlang. Der rechten Schulter folgte die linke, anschließend wandte er seinem Rückteil soviel Aufmerksamkeit zu, daß der Stamm ernsthaft ins Wanken geriet. Ein paar Meter entfernt lag ein zweiter Baum, dessen Hauptast auf halber Elefantenhöhe waagerecht über den Boden ragte. Zu diesem Scheuerstand trottete der Bulle anschließend, legte seinen Kopf über den Ast und kratzte sich in aller Gründlichkeit unter der Kehle. Anschließend nahm er das Holz zwischen die Vorderbeine, um sich die Haut über dem Brustbein zu schmirgeln. Die übrigen Dickhäuter massierten sich nach und nach mit ähnlicher Sorgfalt die Haut.

Den letzten Punkt ihrer Körperpflege bildete das Staubbad. Mit zahlreichen Staubladungen, die sie sich über Rücken, Seiten und unter den Bauch prusteten, gaben die Elefanten der zentimeterdicken Schlammpackung, die ihre Haut nun vor Hitze und Insekten schützte, den letzten Feinschliff. Mit dem Vorderfuß häufelten sie ein wenig Sand zusammen, klaubten ihn mit dem Rüssel auf – und plötzlich pulverte über einem der dunklen Riesen eine Staubfahne auf, als ob der betreffende Elefant aus seinem Rüssel einen Kanonenschuß abgefeuert hätte. Von weitem erinnerte die Herde, über der immer wieder kleine Staubbällchen aufstiegen, an eine Flotte mittelalterlicher Segler, die ihre Kanonen auf ein längst versunkenes Piratenschiff abfeuerten. Nach und nach verzog sich der Pulverqualm. Die Elefanten begannen wieder, Grasbüschel aus dem Boden zu reißen, die sie zunächst zwei-, dreimal gegen die Brust klopften, um die Erdreste abzuschütteln, bevor sie sich das Grünfutter in den Mund steckten und zerkauten.

Die Sonne sank tiefer. Vom See her kam eine kleine Brise auf, die erste Abkühlung brachte. Die Jungen wurden lebendig. Wie eine Horde frecher Halbwüchsiger zogen sie zwischen den weidenden Alttieren umher. Ein kleiner Bulle rannte seinen Spielgefährten ein paar Schritte voraus, flappte furchterregend mit den Ohren, drehte sich im Kreis und stieß plötzlich so schrille Trompetenstöße aus, als gelte es, ein ganzes Löwenrudel in die Flucht zu schlagen. Doch niemand hörte ihm sonderlich zu. Da eilte er zu seinen Kumpanen zurück, faßte einem von ihnen über den Rücken und versuchte ihn zu Boden zu drücken. Der Angegriffene entwand sich geschickt diesem Hebelgriff, drehte sich um und schlang seinen Rüssel um den Nasenmuskel seines Gegenübers. Mit aller Kraft stemmte er sich gegen seinen Konkurrenten und versuchte ihn zurückzudrängen. Die beiden nach oben gerichteten Rüssel berührten sich jeweils mit der Innenseite, dicht oberhalb ihres Ansatzes. Die kleinen Elefanten fochten also ihre ersten Duelle genau in der gleichen Haltung aus, in der die erwachsenen Bullen ihre Rangordnungskämpfe regeln.

Ein anderes Kalb hatte einen handlichen Ast entdeckt, mit dem es nun herumspielte. Es wickelte seinen Rüssel um den Stock, stellte ihn auf, trat mit dem Fuß dagegen, ließ ihn fallen, um ihn an anderer Stelle erneut anzuheben. Seine stillen Versuche blieben nicht lange unentdeckt. Ein Gefährte trollte herzu, packte den Stecken am anderen Ende, ein kurzes Tauziehen folgte, und schon hatte das Spielgerät den Besitzer gewechselt. Der Eroberer wußte jedoch mit seiner Beute nur wenig anzufangen; er schleppte sie einige Schritte mit sich herum und ließ den Ast dann achtlos fallen. Einige Kuhreiher liefen zwischen der Herde umher. Sie fingen die Insekten, die von den Tritten der Elefanten aufgescheucht wurden. Plötzlich stürmte einer der Mini-Elefanten mit ausgebreiteten Segelohren so entschlossen zwischen die weißen Vögel, daß die Reiher erschrocken aufflatterten, um sich jedoch einige Meter weiter wieder niederzulassen. Auf seinem Rundgang fand eines der Kälber eine Geierfeder. Es steckte sich den Federkiel in den Mund und trug sein Fundstück für eine Weile zwischen seinen Gefährten spazieren. Dann faßte er die Schwungfeder wieder mit dem Rüssel und wedelte sie wie ein Fähnchen auf und ab. Als es jedoch an zwei kleinen Bullen vorüberkam, die miteinander rangelten, ließ es sein Spielzeug nachlässig fallen und versuchte, in aller Unschuld einem der Ringkämpfer auf den Rücken zu steigen. Das überraschte Tier ging unter diesem Ansturm in die Knie, verlor daraufhin auch an der Vorderfront sein Scharmützel und rollte auf die Seite. Sofort stiegen ihm seine Mitspieler in Siegerpose auf die Flanke, bis sich der geplagte Verlierer endlich wieder aufrappeln konnte.

PFEILSPITZE MIT FEDERN

Im Laufe ungezählter Regenzeiten hatte sich der Fluß sein Bett immer tiefer in die Erde gehobelt. Auf der linken Seite hatten die Wildwasser ein Steilufer stehengelassen, in dessen Wand sich einige Eisvögel ihre Nisthöhlen gegraben hatten. Häufig saßen die bunten Insektenjäger auf einem toten Stamm, der im Halbbogen über den Wasserlauf ragte. Ab und zu stieß einer der Vögel wie eine rote Pfeilspitze, an der ein paar Federn klebten, zum Fluß hinunter, tauchte kurz zwischen die Wellen, schnellte wieder hoch und schwirrte, zumeist allerdings mit leerem Schnabel, zu seinem Lauerposten zurück. Manchmal aber zappelte ein kleiner Fisch, eine Libelle oder auch eine Heuschrecke in seinem keilförmigen Schnabel.

Einen der schillernden Sturzflieger beobachtete ich dabei, wie er einen Grashüpfer zerlegte, der mir zunächst viel zu groß für den kleinen Eisvogel erschien. Doch er schlug seine Beute so lange immer wieder gegen das Holz, bis alle sperrigen Einzelteile wie Beine und Flügel abfielen. Erst dann ließ er sich den Rumpf mit dem Kopf nach vorn in den Schlund gleiten. Langsam rutschte der mächtige Happen nach unten. Schließlich klappte er noch ein paarmal den Schnabel auf und zu. Fertig. Einen anderen Eisvogel, der über besonders fischreichen Fanggründen jagte, sah ich bei mehreren Versuchen innerhalb von fünf Minuten dreimal mit einem Fisch im Schnabel auftauchen. Erst nachdem er seinen letzten Fang verschluckt hatte, gönnte er sich eine längere Pause, in der er sich sein Gefieder wieder zurechtlegte.

Eines Abends zogen Elefanten das Flußtal hinunter. Gemächlich weidend näherten sich die Tiere dem Nistplatz der Eisvögel. Zwei Halbwüchsige gerieten plötzlich in Streit miteinander. Ihr Schieben und Drängen brachte sie in die Nähe der Höhleneingänge. Der stärkere Bulle drückte seinen Gegner schließlich gegen die Wand. Aufgeregt zwitschernd schwirrten die offensichtlich um ihre Brut besorgten Vögel über den Kämpfern, die ihnen aber keinerlei Beachtung schenkten. Bei der mutigen Verteidigung seiner Höhle landete einer der Eisvögel sogar sekundenlang auf dem Rücken eines Dickhäuters, ohne jedoch die geringste Wirkung zu erzielen. Die Elefanten hobelten mit ihrer rauhen Haut zwar etwas Sand von der Wand, verursachten jedoch keine größeren Erdrutsche. Kaum führte der Kampf die Bullen in offenes Gelände zurück, da schwirrten die Vögel zu ihren Höhlen und verschwanden in den dunklen Eingängen. Nach kurzer Zeit tauchten sie nacheinander wieder auf, hoben sich mit hellem Ruf in die Luft, flogen zu ihren Stammplätzen zwischen den umliegenden Büschen und putzten sich die Federn. Anscheinend hatte die Brutkolonie das Erdbeben gut überstanden.

Ein paar hundert Meter unterhalb dieser Stelle graste ein Familienverband unmittelbar am Rand der steilen Uferbank. Die Leitkuh mühte sich längere Zeit damit ab, die zähen Stengel eines Busches aus der Erde zu reißen, der auf der Kante wuchs und teilweise über die Böschung hinausragte. Anschließend stieg sie die nahezu senkrechte, vielleicht zwei Meter tief abfallende Wand hinunter. Sie legte sich zu dieser ungewöhnlichen Klettertour auf den Bauch und rutschte mit ausgestreckten Vorderbeinen vorsichtig in den Steilhang hinein, bis sie unten wieder Halt fand und Bauch und Hinterbeine langsam nachziehen konnte. Zwei weitere Mitglieder ihres Verbandes folgten diesem Beispiel, wobei sie erst gründlich den Einstieg untersuchten, bevor sie sich schließlich auch auf den Bauch niederließen und in der gleichen Weise die Rutschbahn hinunterschlitterten. Die übrigen Tiere nahmen einen anderen, leichteren Abstieg und trafen erst nach kurzem Umweg wieder mit ihren Artgenossen zusammen.

Mein Landrover stand wie ein großer Stein zwischen den Büschen, um die nun einige Elefanten gleichmütig herumgingen. Ohne die geringste Scheu kamen die Tiere dicht heran, besonders zwei Kühe, die beide kleine Kälber führten, die nicht älter als ein Jahr sein konnten. Das eine Kalb, ein Mini-Bulle, bemerkte den Wagen als unbekannten Fremdkörper in seiner Umwelt und trat neugierig auf ihn zu. In acht Meter Abstand stoppte er zum ersten Mal, hob den Rüssel, schnupperte dem seltsamen vierrädrigen Felsblock entgegen, machte wieder ein paar Schritte, blieb erneut stehen, ging ein wenig seitwärts, steuerte abermals auf den Wagen zu, war jetzt vielleicht noch drei Meter entfernt, schwenkte unsicher den Kopf, ließ den Rüssel auf der Suche nach einem erklärenden Geruch durch die Luft pendeln, rollte mit den Augen, kam noch näher, nahm sich ein Herz und schob sich so dicht an den Wagen heran, daß er ihn mit ausgestreckter Rüsselspitze betasten konnte. Ganz geheuer war ihm die Geschichte nicht, denn schon nach wenigen Sekunden rückte er seitlich ab. Der fremde Gegenstand schien ihm jedoch auch keine sonderliche Angst eingejagt zu haben, denn er entfernte sich durchaus im Stil eines Abenteurers, der nach erfolgreicher Expedition voller Selbstbewußtsein nach Hause zurückkehrt.

Einer der Bullen stellte jetzt die Hinterbeine auseinander, hob den Schwanz, und dann fielen nacheinander acht weiche Ballen vom Himmel, während gleichzeitig ein heftiger Wasserfall zu Boden stürzte. Fünfzehn bis zwanzig Pfund Verdauungsreste und zehn Liter Flüssigkeit hatten die Umgebung gewechselt. Die Elefanten hinterließen im Laufe des Nachmittags noch an verschiedenen anderen Stellen ihre Dunghaufen, die mich irgendwie an die Munitions-Pyramiden mittelalterlicher Kanonen erinnerten. Diese Elefanten-Kugeln wurden zum Zielpunkt zahlreicher Skarabäus-Käfer, die den Dung durchwühlten und daraus kleine Bälle formten. In der Nähe eines Termitenhügels mühte sich einer dieser Pillendreher-Käfer damit ab, eine Dungkugel von der Größe eines Tennisballes eine Anhöhe hinaufzurollen. Dieses Unterfangen war sehr anstrengend für ihn, denn häufig brach die Kugel, die er im Rückwärtsgang mit den Hinterbeinen vor sich herschob, zur Seite aus und rollte ein kurzes Stück die Steigung wieder hinunter. Anscheinend hatte er jedoch eine ganz genaue Zielvorstellung, denn er ließ sich auch durch die mehrmalige Wiederholung dieses Mißgeschicks nicht entmutigen, sondern drückte die Kugel jedesmal in der gleichen Richtung die Steigung hinauf. Seine Sisyphusarbeit wurde schließlich von Erfolg gekrönt, als er mit seiner runden Fracht die angepeilten Büsche erreichte und in ihrem Wurzelgewirr verschwand.

Den umgekehrten Fall konnte ich ein paar Tage später verfolgen, als zwei Käfer versuchten, ihre frisch gedrehte Pille einen Hang hinabzutransportieren. Das Weibchen klammerte sich an der Kugel fest, ein für diese Art typisches Verhalten, während das Männchen den Ball vor sich herrollte. Auf schiefer Ebene vom eigenen Gewicht beschleunigt, lief die Kugel jedoch bald schneller, als der Käfer schieben konnte. Um sie nicht zu verlieren, klammerte sich das Männchen ebenfalls fest, und nun rollte die Mistkugel, auf der sich wie zwei blinde Passagiere die beiden Käfer festgekrallt hatten, immer rascher zu Tal, dessen Sohle sie nach einer Schußfahrt von gut fünf Metern erreichten. Unten angekommen, stieg das Männchen von seinem runden Gefährt und schob es noch eine kurze Strecke in der üblichen Art durch die Graslandschaft, bevor er es einzugraben begann.

In vierundzwanzig Stunden gibt ein ausgewachsener Elefant über zwei Zentner Dung ab. Eine Gruppe von zehn Alttieren verteilt also pro Tag bereits über eine Tonne hochwertigen Naturdünger in der Landschaft. Und eine vielköpfige Herde gar stellt aus biochemischem Blickwinkel eine wandelnde Düngemittelfabrik dar, die eine ganz wesentliche Rolle im Stoffwechsel- und Energiehaushalt des betreffenden ökologischen Systems spielt. Elefanten gelten als schlechte Futterverwerter; nur etwa zwanzig Prozent der aufgenommenen Nahrungsmenge werden in Energie umgewandelt, während die übrigen achtzig Prozent als Abfallprodukte von neuem dem Wachstumskreislauf zugeführt werden. Das »Recycling« dieser Abfallstoffe übernehmen weitgehend die Skarabäus-Käfer für die die Dungbälle die Existenzgrundlage liefern. Allein in Afrika gibt es über zweitausend verschiedene Arten dieser Mistkäfer, von denen sich einige ausschließlich auf Elefantendung spezialisiert haben.

Die Ballen der Dickhäuter bieten ausreichend Nahrung für große Scharen von Käfern, die sie je nach Art zu breiten Matten auseinanderwalzen oder zu kleinen Kugeln zerteilen und im Umkreis von zehn bis zwanzig Metern in der Erde vergraben. Durch diese sich millionenfach wiederholende Tätigkeit werden die täglich anfallenden Kompost-Tonnen zu kleinen Portionen verarbeitet, mit denen der Boden in mehr oder weniger gleichmäßigen Abständen durchdüngt wird. Der Dung dient den Käfern jedoch nicht nur als Nahrung, sondern auch als Kinderstube. Bevor das Männchen sie vergräbt, legt das

Weibchen seine Eier in die Kugeln. Die junge Brut muß sich durch ein rundes Mistbeet ans Licht der Welt fressen.

Für die Pillendreher wiederum interessieren sich auch einige Mitspieler des ökologischen Puzzlespieles. So bemerkte ich eines Vormittags einen Waran, der unter ein paar Büschen hervorkroch und auf eine Ansammlung von Dungkugeln zuhielt. Von Kopf bis Schwanzspitze maß die Echse gut einen Meter. Sie begann sofort die Hinterlassenschaft der Elefanten mit ihren scharfen Krallen zu zerteilen. Zunächst verblüffte mich ihr Verhalten, doch dann erkannte ich, daß ihr Interesse nicht so sehr dem Dung als vielmehr den Käfern galt.

Im Verlauf meiner Arbeit stieß ich einige Zeit später ein zweites Mal auf eine jener Urechsen, die ebenfalls in einem Dunghaufen herumscharrte und ihrer Käferjagd so intensiv nachging, daß sie mich nicht kommen hörte. Sie bemerkte mich erst, als der Wagen nur noch ein paar Meter von ihr entfernt war, richtete sich plötzlich erschrocken auf, huschte wieselflink davon, rannte dicht an einem Elefanten vorbei, der nun seinerseits erschrak und ein paar ärgerliche Schritte gegen den Störenfried unternahm, lief noch schneller, sprang mit lautem Platschen in einen Teich, schlängelte sich zur anderen Seite hinüber, kletterte die Böschung hoch und verschwand endlich im Schutz eines dichten Gebüsches.

NATÜRLICHE FEINDE

Elefanten haben außer dem Menschen, der sich zu einem sehr unnatürlichen Feind entwickelt hat, keine natürlichen Feinde. Das gilt allerdings nur für erwachsene Tiere, denn junge Kälber fallen gelegentlich Löwen oder auch Hyänen zum Opfer. Normalerweise schützt sie der Familienverband davor, zwischen den Zähnen eines Löwenrudels zu enden, doch ein krankes oder verwaistes Kalb, das hinter der Herde zurückbleibt, entgeht nicht lange der Aufmerksamkeit der großen Raubkatzen. In der Literatur finden sich mehrere Berichte über junge Elefanten, die von Löwen gerissen wurden. So ist aus dem Luangwa-Tal in Sambia ein Fall bekannt, wo ein Kalb, das bereits Stoßzähne von über zwanzig Zentimeter Länge trug, von Löwen zu Boden geworfen und dann durch einen Biß in die Kehle getötet wurde. In Uganda dagegen beobachtete der Zoologe C. A. Trimmer eine Löwin bei dem Versuch, ein Kalb zu erlegen. Sie wurde von einem Stoßzahn aufgespießt.

Rein zahlenmäßig üben die Raubtiere jedoch nur einen so geringen Einfluß auf den Bestand der Elefanten aus, daß sie in keiner Statistik als Todesursache aufgeführt werden. Dennoch liefern die Elefanten den Löwen manches üppige Festmahl. Der König der Tiere ist nämlich durchaus nicht nur Jäger, sondern gelegentlich auch hemmungsloser Leichenfledderer. Eines frühen Morgens stieß ich in der kleinen Bucht eines Palmendickichts auf eine Löwin, die einer toten Elefantenkuh das Gedärm aus dem Leib zerrte. Der prall gefüllte Bauch der Raubkatze zeigte, daß sie den Kadaver schon vor Tagesanbruch gefunden haben mußte. Da ich am Nachmittag des vorherigen Tages an derselben Stelle vorübergefahren war, ohne daß mir irgend etwas Ungewöhnliches aufgefallen wäre, mußte die Kuh in der Nacht verendet sein, möglicherweise an einer Lungenkrankheit, der im gleichen Zeitraum schon mehrere Elefanten des Manyara-Nationalparks zum Opfer gefallen waren.

Einige hundert Meter von der toten Kuh entfernt entdeckte ich die übrigen Mitglieder des Rudels, die mit ebenso vollen Bäuchen zwischen den Büschen lagen. Satt und sorglos rekelten sie sich in der Morgensonne. Während der nächsten Tage würden sie keinen Hunger zu spüren bekommen. Bei aufsteigender Hitze zogen sie sich auf die breiten Äste einer Schirm-Akazie zurück, um diese bequemen Ruheplätze erst gegen Abend wieder zu einem zweiten Elefanten-Gelage zu verlassen. Die Bäume, auf die die Löwen in Manyara so gerne klettern, um den Tag zu verdösen, bieten ihnen jedoch nicht nur Schutz vor der Hitze und den Fliegen, sondern gelegentlich auch vor Elefanten. Die Dickhäuter haben für die Raubkatzen genauso wenig übrig wie umgekehrt, und manches Löwenjunge verdankt sein Leben nur einem Baum, auf den es sich schnell genug vor wütenden Elefanten flüchten konnte.

DER ERSTE REGEN

Seit Tagen türmten sich Gewitterwolken am Abendhimmel. Immer wieder hellten Wetterleuchten die Dämmerung auf. Die heiße, windstille Luft lastete schwer über der Savanne. An vielen Stellen hatte die Trockenheit die Erde aufplatzen lassen. Ein Netz von Rissen überzog den Boden. Jeder Lufthauch wirbelte Staub auf. Die letzten Wasserlöcher waren längst ausgetrocknet, die Schlammsuhlen zu bizarren Reliefs verkrustet. Tiefer und tiefer mußten die Elefanten ihre Löcher in den Sand der ausgetrockneten Flußbetten graben, um endlich auf Wasser zu stoßen. Und es dauerte lange, bis sich auf dem Grund genügend Flüssigkeit gesammelt hatte, um einen Rüssel zu füllen. Die Sonne hatte das Gras verbrannt, von den Bäumen hingen halbverdorrte Zweige herab. Eines Nachmittags rollte von Osten her eine schwarze Wetterwand heran. Blitze zuckten auf, und das Grollen des Donners rollte über die Ebene. Die ersten Böen fegten über das Land. Sie trieben Staubfahnen und Kugeln abgerissenen Buschwerks vor sich her. Der Wind trug den Geruch von Regen heran; jenen krumigen, erlösenden Geruch, der aus dem Boden aufquillt, wenn der erste Guß die ausgedörrte Erde tränkt. Vereinzelte Tropfen fielen herab. Wie reife Kirschen zerplatzten sie im Staub. Wo die Wasserkugeln aufschlugen, sprangen kleine Pulverwölkchen in die Höhe. Der Regen wurde stärker. Überall pulsten nun winzige Fontänen aus dem Boden.

Das Vorgeplänkel dauerte nur kurz. Dann stürzte der Gewitterregen wie ein Wasserfall vom Himmel und überschwemmte die durstige Landschaft. Die Elefanten, die weit verteilt zwischen den Büschen nach Nahrung gesucht hatten, drängten sich dicht zusammen. Eine zentimeterhohe Wasserschicht bedeckte nach kurzer Zeit den Boden. Geduldig ließen sich die Tiere den Wolkenbruch auf die Haut prasseln, während sie sich gleichzeitig das frische Regenwasser in die Rüssel sogen. Ein paar kleine Kälber liefen aufgeregt umher. Sie fächerten mit den Ohren, schlenkerten ihre Rüssel durch die Luft, drehten sich um sich selbst, rannten ein paar Schritte durch die aufspritzenden Pfützen oder senkten ihre Nasenschläuche und prusteten übermütig ins Wasser. In einer Kuhle hatte sich bereits ein kleiner See gesammelt. Nach und nach rutschten vier Kälber über den seifigen Erdsims in das frisch angerichtete Bad hinunter. Sie wälzten sich auf die Seite, rangelten, aalten sich, streckten die Beine in die Luft, trompeteten dem Regen Quietschtöne entgegen, wollten aussteigen, rutschten auf dem schmierglatten Untergrund aus und schlitterten in die Kuhle zurück.

Ein paar Alttiere ließen sich von dem Spieltrieb der Jungen anstecken und stiegen ebenfalls in die warmen Regenfluten. Am Rande der Senke kämpften spielerisch zwei halbwüchsige Bullen miteinander. Beim Zurückweichen rutschte der eine plötzlich aus und saß auf dem Hintern. Ein paar Augenblicke lang ruderte er hilflos in dem glitschigen Brei umher, bis er wieder festen Boden unter die Füße bekam. Nach und nach verebbte die Aufregung, die die Herde beim Beginn des Gewitters ergriffen hatte. Die Elefanten hatten ihren Durst gelöscht und eine heftige Dusche genossen. Nun verstreuten sie sich wieder zwischen den Sträuchern, um weiterzuäsen.

Notdürftig versuchte ich meine tropfenden Kameras zu trocknen, mit denen ich diese ausgelassene Frühlingsfeier festgehalten hatte. Da ich für diesen Tag noch nicht mit Regen rechnete, war ich wie gewöhnlich ohne die beiden Seitenfenster losgefahren, die ich ausgebaut hatte, um besser fotografieren zu können. Und da ich den Dickhäutern natürlich auch während des Wolkenbruchs folgen wollte, anstatt im geschützten Rückteil des Wagens auf bessere Zeiten zu warten, hatte ich nun keinen trockenen Fetzen mehr am Leib und büßte frierend wie eine nasse Katze für meine Nachlässigkeit. Doch um das Regenfest der Elefanten miterleben zu können, hatte ich das unfreiwillige Vollbad mit Lust in Kauf genommen.

DIE OHREN SIND NICHT NUR ZUM HÖREN DA

Mit drohend ausgebreiteten Ohren stampfte der Bulle auf mich zu. Erst wenige Meter vor dem Landrover bremste er seinen Angriff ab und schlug sich hocherhobenen Hauptes seitlich in die Büsche. Ein unter vollen Segeln anstürmender Elefant bietet ein so furchterregendes Bild, daß sich die meisten Gegner bereits nach seinen ersten Schritten aus dem Staub machen. Die Evolution hat den Elefanten jedoch nicht nur deswegen mit diesen breiten Segelohren ausgestattet, damit er leichter seine Feinde einschüchtern oder mit den riesigen Schalltrichtern das Gras wachsen hören kann, sondern vor allem auch, damit ihn in der afrikanischen Sonne kein Hitzschlag trifft. Diese Ohren stellen nämlich ein höchst wirkungsvolles Kühlsystem dar. Sie werden von einem strahlenförmig auseinanderlaufenden Bündel dicker Adern durchzogen, die sich zu immer feineren Blutgefäßen verzweigen. Die durch regelmäßige Fächerbewegung erzeugte Luftströmung kühlt das dicht unter der Oberfläche kreisende Blut ab.

Wie Iain Douglas-Hamilton anhand von Messungen feststellte, die ihm der unter Narkose angelegte Halsband-Sender eines Bullen lieferte, beträgt der Temperaturunterschied zwischen dem Blut, das durch die Arterie in diese weitläufigen Kühlrippen hineingepumpt wird, und dem Blut, das durch die Venen wieder abgeleitet wird, je nach Aktivität zwischen zwei und neun Grad Celsius. Auf sehr einfache Weise kann der Elefant sein Kühlsystem den sich im Tagesablauf verändernden Umweltbedingungen anpassen. Er fächelt die Ohren je nach Bedarf schneller oder langsamer auf und ab. Während der Nacht oder in den kühlen Morgen- oder Abendstunden muß er sich wesentlich weniger Kühlung zuwedeln als während der heißen Tageszeit, die er ohnehin zumeist im Schatten verbringt. Bei extremen Anstrengungen, wie beispielsweise auf der Flucht, verschafft er sich zusätzlich dadurch Kühlung, daß er Wasser aus dem Magen hochwürgt und sich dieses mit dem Rüssel über Schultern und Ohren verteilt.

Neben diesen physiologischen Besonderheiten der Ohren zeichnen sich auch die Stoßzähne durch bemerkenswerte Eigenheiten aus. So wachsen sie ununterbrochen das ganze Leben lang, werden jedoch durch den täglichen Gebrauch ständig abgewetzt. Bei erwachsenen Kühen erreichen sie ein Gewicht von zwanzig Kilogramm pro Zahn, während sie bei Bullen leicht das Doppelte, Dreifache oder auch noch mehr wiegen können. Das schwerste Stoßzahnpaar, das je vermessen wurde, wog hundertundzwei Kilogramm, hatte eine Länge von 3,10 Meter und gehörte einem Bullen, der 1898 am Kilimandscharo geschossen wurde. Die Stoßzähne von Ahmed, jenem legendären Bullen, der bis 1974 im Marsabit-Gebiet lebte und der heute als Denkmal seiner selbst in voller Lebensgröße das Nationalmuseum von Nairobi bewacht, brachten ebenfalls nahezu hundert Kilogramm auf die Waage. Doch bedingt durch den Elfenbein-Boom sind derartige »Big Tusker« (engl. tusk = Stoßzahn), wie sie in der ostafrikanischen Jägersprache genannt werden, heute sehr selten geworden.

Ähnlich wie beim Menschen gibt es auch unter den Elefanten Links- und Rechtshänder, beziehungsweise sie setzen bevorzugt den linken oder rechten Stoßzahn im täglichen Gebrauch ein, die dadurch entsprechend unterschiedlich abgenutzt werden. Ob ein bestimmter Elefant Rechts- oder Linkszähner ist, kann man in vielen Fällen an einer Kerbe kurz unterhalb der entsprechenden Stoßzahnspitze erkennen. Diese teilweise sehr deutlichen Markierungen rühren von dem ständigen Einsatz des Zahnes als Hebel her, mit dessen Hilfe das jeweilige Tier Grasbüschel aus der Erde reißt, die in einem eingespielten Bewegungsablauf tagein, tagaus über die gleiche Stelle gezogen werden und so im Laufe vieler Jahre eine Kerbe einschleifen. Nur die beiden vorderen Drittel des Stoßzahnes sind massiv, während im hinteren, hohlen Drittel der Nerv liegt.

Neben Rüssel und Körpergröße stellen die Stoßzähne zweifellos das auffallendste Merkmal des Elefanten dar. Doch genauso interessant und wichtig sind jene Zähne, die er im Mund trägt. Sie bestimmten nämlich letzten Endes das Lebensalter des einzelnen Tieres. Auf den vier Seiten von Ober- und Unterkiefer sitzt jeweils nur ein Mahlzahn, der durch das ständige Zerkauen der Nahrung langsam abgenutzt wird. Im Laufe der Zeit wandert er auf der Kieferschiene nach vorne, während gleichzeitig ein neuer Zahn von hinten nachdrängt, der den vorderen schließlich ganz ersetzt. Nur sechs Sätze solcher Mahlzähne bilden sich während der gesamten Lebensspanne des Elefanten aus. Wenn sich der letzte Vierersatz verbraucht hat, kann der Elefant seine Nahrung nicht mehr ausreichend zerkleinern. Selbst wenn ihn üppigster Pflanzenwuchs umgibt, muß er einen langsamen Hungertod sterben, den er meistens im Alter von fünfundfünfzig bis sechzig Jahren erleidet.

Aus einer Elefantenherde dringen ständig irgendwelche Geräusche. Neben den häufigen, unüberhörbaren Tönen des Verdauungssystems steht den Tieren eine vielseitige Auswahl von Koller-, Groll- und Brummtönen zur Verfügung, die der Verständigung der einzelnen Tiere, aber auch der verschiedenen Gruppen untereinander dienen. Im dichten Busch verlieren die Dickhäuter, die sich auf der Nahrungssuche weit über das Gelände verteilen, leicht den Sichtkontakt zueinander, doch dieses Kollern erlaubt ihnen über Entfernungen bis zu einem Kilometer, miteinander akustisch in Verbindung zu bleiben. Die entsprechenden Töne werden in der Kehle erzeugt, die Luftsäule des Rüssels und der mächtige Körper wirken als Resonanzboden und geben ihnen den dumpfen Klang.

Auf diesen Lauten beziehungsweise ihrem Gegenteil baut sich auch ein sehr wirksames Warnsystem auf: Wenn sich die Tiere von irgendeiner Gefahr bedroht fühlen, verstummt schlagartig ihr Kollern. Es ist eine sehr merkwürdige Stille, die entsteht, wenn das Gemurmel, zu dem sich die Groll- und Rumpeltöne mischen, plötzlich abbricht. Lautlos schieben sich die Rüssel zu S-förmigen Sonden in die Höhe und saugen prüfend die Luft ein. Mißtrauisch starren die Tiere in Richtung des verdächtigen Geräusches. Je nach Lage beginnen die Kühe nach kurzer Zeit wieder zu grasen, und die »Unterhaltung« breitet sich von neuem aus, oder aber – falls sich die Tiere durch die Störung ernstlich bedroht fühlen – die Herde flüchtet auf leisen Sohlen. Wenn sie nicht gerade voller Panik durch die Büsche brechen, können sich Elefanten nämlich nahezu lautlos davonmachen. Und auch annähern, wie ich durch Zufall bemerkte: Zwischen dem Strauchwerk einer Uferböschung versteckt, beobachtete ich eine Anzahl von Elefanten, die sich in einer zwei Meter tiefer gelegenen Kuhle mit Wasser bespritzten. Ich kannte diese Stelle gut, denn die Dickhäuter kamen häufig hierher, hatte mein Versteck schon vor dem Erscheinen der Herde bezogen und etwa eine Stunde lang auf die Dickhäuter gewartet. Sie tauchten von der anderen Seite her auf, so daß ich annahm, daß mich die Tiere nicht bemerkt hatten. Die Büsche standen allerdings so dicht, daß ich nur einen Teil der Herde im Blickfeld hatte.

Während ich ein Objektiv wechselte, ließ mich eine plötzliche Ahnung nach hinten schauen. Über die Büsche türmte sich eine Elefantenkuh und starrte mit hocherhobenem Kopf auf mich herab. Sie stand vielleicht drei Meter entfernt. Kein Laut hatte ihr Kommen verraten. Am Wasser liefen so spannende Szenen ab, daß ich keine Zeit hatte, auf die nächsten Bewegungen der Kuh zu warten, sondern weiterfotografierte. Erst zwanzig oder dreißig Sekunden später wandte ich mich wieder um. Die Kuh war verschwunden. Genauso heimlich wie sie gekommen war, hatte sie sich auch zurückgezogen. Vermutlich hatte Neugier sie dazu getrieben, sich mein Versteck aus nächster Nähe anzuschauen.

Am Rande eines kleinen Teiches verblich das Becken eines toten Elefanten. Die übrigen Skelett-Teile lagen in weitem Umkreis verstreut. Ein Familienverband mit mehreren jungen Kälbern näherte sich dem Wasserloch. Während die Alttiere teilnahmslos an dem Knochen vorübergingen, stutzten die kleinen Elefanten, beschnüffelten vorsichtig den weißen Hügel und drückten sich in mißtrauischer Haltung an den Überresten ihres Artgenossen vorbei. An sich scheinen aber die Kadaver toter Elefanten auf die lebenden meist große Anziehungskraft auszuüben. Sie untersuchen genau die verschiedenen Teile, nehmen einzelne Knochen mit dem Rüssel auf und tragen sie hunderte von Metern weit mit sich herum, bevor sie sie wieder fallen lassen. Die Stoßzähne scheinen ein ganz besonders starkes Interesse auszulösen. Sowohl Iain Douglas-Hamilton als auch Simon Trevor konnten in ihren Filmen Elefanten zeigen, die ihren toten Artgenossen die Stoßzähne zogen, sie ins Maul nahmen und ein weites Stück verschleppten.

In diesem Gebiet wurde über einen Zeitraum von acht Jahren hinweg eine große Zahl von Stoßzähnen gefunden, die hunderte von Metern von den zugehörigen Kadavern entfernt lagen. Da Hyänen schon wegen des Gewichtes ausschieden, kamen als Täter allein Elefanten in Frage. Dieses Verhalten könnte auch mit zur Bildung der Legende von den Elefantenfriedhöfen beigetragen haben. Alte Elefanten sterben vor allem deswegen, weil ihr letzter Satz Backenzähne abgekaut ist und sie daher ihre Nahrung nicht mehr richtig zerkleinern können. Sie halten sich aus diesem Grund bevorzugt in Sumpfgebieten auf, deren saftigen Gras- und Pflanzenwuchs sie mit ihren abgewetzten Zähnen noch am ehesten zerkauen können, bis ihnen auch das nicht mehr gelingt. Im Laufe der Zeit werden ihre Skelette in der beschriebenen Weise von Artgenossen in der Landschaft verteilt. Die Knochen häufen sich vermutlich besonders in der Umgebung stark frequentierter Plätze wie Tränken oder Badestellen. Und in einer zufällig mit besonders vielen Knochen übersäten Sumpfwiese läßt sich dann leicht ein »Elefantenfriedhof« entdecken. Die Abenteurer und Jäger, die hiervon berichteten, könnten aber auch auf die Überreste von Herden gestoßen sein, die durch irgendwelche Naturkatastrophen wie Feuer, giftiges Wasser oder einen plötzlichen Gasausbruch ausgelöscht wurden oder einer großen Kesseljagd zum Opfer fielen. Immer wieder haben Phantasien von jenen sagenhaften Elefantenfriedhöfen die Gemüter genarrt. Doch diese Schatzgruben des weißen Goldes existieren nur in Abenteuerromanen.

SPUREN DER VERGANGENHEIT

Meine heutigen Beobachtungen über Elefanten hätten ebensogut vor hundert, tausend oder gar vor hunderttausend Jahren gemacht werden können. Bereits im Erdzeitalter des Eozän war in Afrika ein Lebewesen verbreitetet, dessen Nase allmählich zu einem Rüssel mutierte. Im späten Miozän, vor fünfzehn bis fünf Millionen Jahren, hatte sich dieser »Prototyp« bereits zum *Elephas primus* weiterentwickelt, dem Vorfahren der beiden einzigen heute noch lebenden Elefantenarten – *Loxodonta africana* (Afrikanischer Elefant) und *Elephas maximus* (Indischer Elefant). In den fünfundfünfzig Millionen Jahren seit dem ersten Auftreten des tapirähnlichen *Moeritherium* bildeten sich mehr als dreihundert Unterarten der Ordnung *Proboscidea* heraus – das ist der zoologische Begriff für Rüsseltiere. Die meisten existierten mehrere Millionen Jahre lang und starben nur aus, weil sie sich nicht schnell genug den Veränderungen von Klima und Vegetation angleichen konnten oder schneller assimilierte Arten eine Nahrungsknappheit verursachten – Prozesse, die jeweils Tausende von Jahren in Anspruch nahmen. Nur zwei Unterarten der riesigen, einst in fast allen Regionen der Erde beheimateten *Proboscidea*-Familie haben bis in unsere Tage überlebt.

Neben fossilen Fußabdrücken von Hominiden entdeckte die kürzlich verstorbene Anthropologin Dr. Mary Leakey in der Nähe von Laetoli in Tansania 1975 auch Abdrücke von *Proboscidea*-Riesen. Sie stammen von Elefanten der Spezies *Loxodonta exoptata* und einem *Deinotherium*; die Stoßzähne dieses Rüsselträgers wuchsen im Gegensatz zu jenen der heutigen Elefanten aus dem Unterkiefer heraus und waren nach unten gebogen. Die Abdrücke wurden in einer Schicht vulkanischer Flugasche hinterlassen, die sich unter Einwirkung von Regen in Tuffstein verwandelte und so über Jahrtausende hinweg ein »fußgeschriebenes« Zeugnis prähistorischen Lebens bewahrte.

Eines schönen, prähistorischen Tages muß auf der Savanne reger »Fußgängerverkehr« geherrscht haben, denn Mary Leakeys Ausgrabungen förderten Spuren einer interessanten Artenvielfalt ans Licht, darunter auch Abdrücke zweier aufrecht gehender Lebewesen. Die parallelen Fußabdrücke dieser Zweibeiner gelten als eines der Glanzstücke unter den Funden der Forscherin. Mit Hilfe moderner Untersuchungsmethoden wurde ihr Alter auf 3,6 und 3,8 Millionen Jahre datiert. An jenem besagten Nachmittag wanderten zwei Vormenschen über die Ebene, aufrecht und in der Lage, ihre Hände zu benutzen; einige Elefanten und ein anderes Rüsseltier hielten sich in der Nähe auf. Mehrere Millionen Jahre später fand ich mich in derselben Landschaft wieder und betrachtete die erst kürzlich entdeckten Abdrücke. Ungeachtet der afrikanischen Hitze lief mir ein eisiger Schauer über den Rücken: 3,6 Millionen Jahre, das war eine verdammt lange Zeit... Die Abdrücke der Hominiden sahen kein bißchen anders aus als die heutiger Menschen an irgendeinem sonnigen Strand.

Der Weg vom Forscher-Camp zum Ausgrabungsort führte an einer Suhle vorbei. Ein unmittelbar vorhergehendes Gewitter hatte die Erde aufgeweicht, und im schwarzen Schlamm zeichneten sich deutlich die riesigen Fußstapfen eines heutigen Elefanten ab. Die alten und die frischen Spuren waren nur wenige hundert Meter voneinander entfernt! Und doch trennte sie eine Unendlichkeit. Viel ist geschehen in den Jahrmillionen dazwischen. Für die Elefanten war die lange Geschichte der Hominiden und ihrer zunehmenden Fingerfertigkeit eher fatal: Die Dickhäuter wurden in immer schnellerem Tempo in die Vernichtung getrieben.

Ich denke an Hannibal, der Elefanten als gepanzerte Truppe für seine Armee mobilisierte und über die Alpen führte. Dies und andere Schlachten, zu denen sie »ausgehoben« wurden, hat den Elefanten wenig Gutes gebracht. Als militärisches Werkzeug kamen sie schnell aus der Mode, hauptsächlich deshalb, weil sie in der Hitze des Gefechtes Freund und Feind nicht immer klar unterschieden. Ihre Beliebtheit als Elfenbeinproduzenten jedoch wuchs beständig. Anders als der indische *Elephas maximus*, bei dem nur das männliche Tier Stoßzähne trägt, waren bei der afrikanischen Spezies beide Geschlechter mit diesen riesigen Zähnen bewaffnet, die sich aus den oberen Schneidezähnen als Werkzeug und Waffe entwickelt hatten. Geraten zwei Bullen im Kampf um ein paarungswilliges Weibchen aneinander, schlagen sie sich sozusagen mit Elfenbeinsäbeln...

Menschen haben für die Stoßzähne eine ganz andere Verwendung. Seit Jahrhunderten fertigen Kunsthandwerker aus diesem glatten, cremefarbenen Material wahre Kleinodien. Es wurde aber auch zu profaneren Dingen verarbeitet, wie Billardkugeln, Klaviertasten oder gar Knöpfen. Zum Unterzeichnen von Schecks und offiziellen Dokumenten wird zum Beispiel in Japan der *hanko* sehr geschätzt – ein kleines Petschaft aus Elfenbein, und dies trug in hohem Maß dazu bei, daß die Elefantenpopulation während der letzten Jahrzehnte drastisch zurückging. Die Nachfrage nach Elfenbein, seit alters eine internationale Handelsware, zeitigte insgesamt katastrophale Auswirkungen. Zunächst wurden die Elefanten in Nordafrika ausgerottet; als dort der Nachschub an »weißem Gold« versiegte, verlegte man das Elefantenschlachten eben weiter nach Süden. Jahrhundertelang war Elfenbein wichtigster Exportartikel Afrikas und für die Stämme im Landesinneren ein Tauschgut gegen Ware aus dem Orient. Lange bevor Portugiesen, Engländer und andere christliche Seefahrtnationen auf der Suche nach Ruhm und Reichtum den afrikanischen Kontinent erforschten, existierte bereits ein lebhafter Handel mit dem weißen Gold, über den Indischen Ozean bis nach Arabien und Asien.

Das Big Business mit dem Elfenbein begann jedoch erst mit der Erfindung der Feuerwaffen. Die in Sansibar und entlang der afrikanischen Ostküste ansässigen arabischen Händler begannen, ihre eingeborenen »Mitarbeiter«

mit modernen Waffen auszurüsten. Nun, da es leichter war, Elefanten zu töten, ging das prosperierende Elfenbeingeschäft Hand in Hand mit einem ebenso blühenden Sklavenhandel. Gefangene, in brutalen Überfällen aus Eingeborenendörfern verschleppt, wurden als Lastenträger für das Elfenbein eingesetzt, das man bei ebenso rücksichtslosen Überfällen auf Elefantenherden erbeutete. In langen Karawanen wurden die Opfer skrupelloser Geschäftemacherei aus dem Innern Afrikas zu den Häfen an der Küste getrieben, beladen mit einer doppelten Last – ihrem eigenen Elend und den schweren Stoßzähnen. Es war ein lukratives Geschäft.

Tippu Tib, ein seinerzeit berüchtigter Sklavenhändler, kehrte einmal mit siebenundzwanzig Tonnen Elfenbein von einer seiner Safaris zurück – Safaris, die im Durchschnitt neunzig Tage Gewaltmarsch vom Landesinneren zum Indischen Ozean bedeuteten. Dem Gewicht der Beute nach zu urteilen, muß er über tausend Sklaven als Träger gebraucht haben. Im Zuge der Kolonialisierung vermehrten später weiße Elefantenjäger die Reihen der Elfenbeinlieferanten. Die Statistiken offenbaren das ganze Ausmaß der Zerstörung: Gegen Ende des neunzehnten Jahrhunderts wurden pro Jahr circa 850 Tonnen Elfenbein nach Europa verschifft. Vorsichtigen Schätzungen nach wurden zwischen 1830 und 1930 mehr als eine Million Elefanten getötet.

Mehrere hunderttausend Jahre lang hatten die Elefanten friedlich und ungestört von Generation zu Generation weitergelebt. Aber einmal in die Geschichte der menschlichen Spezies verwickelt, wandte sich ihr Geschick dramatisch zum Schlechteren. Südafrika zum Beispiel brüstete sich noch vor hundert Jahren damit, sich von seinen Elefanten »befreit« zu haben. Im restlichen Afrika lief die Uhr der Elefanten langsamer ab; dennoch naht ihr Ende immer schneller. Seit der Jahrhundertwende ist die westliche Zivilisation und Technologie auch in die letzten Refugien, selbst in die entlegensten Winkel des afrikanischen Buschs vorgedrungen. Die Elefanten wurden bereits aus großen Teilen ihres ursprünglichen Territoriums verdrängt, und der ihnen verbliebene Lebensraum ist ernsthaft bedroht durch das Vordringen landhungriger und profitgieriger Menschen.

Eine Nacht, so weich wie Samt, senkte sich über den afrikanischen Busch. Geheimnisvolle Vogelrufe durchdrangen von Zeit zu Zeit die Stille. Eine Hyäne heulte in der Ferne. Irgendwo bellten Schakale in schrillen Tönen den Mond an, dessen gelbes Licht gespenstische Schatten über die Landschaft warf. Ein paar riesige Gestalten tauchten aus dem Dunkel auf und traten langsam in eine Lichtung hinaus. Andere folgten, mehrere kleinere Gestalten und dann wieder größere. Weiße Säbel schimmerten im Mondlicht, hoben sich hell gegen die dunklen Silhouetten ab – Elfenbein! Im Schutz der Nacht war eine Herde Elefanten aus dem Busch gekommen und steuerte zum Trinken den Fluß an. Ohne Eile, trotz ihres Durstes, wanderten die Tiere ruhigen, gemessenen Schrittes auf dem ausgetretenen Elefantenpfad entlang, der sich wie eine schmale Straße durch das Dickicht schlängelte.

Die Wasserstelle war ein breiter, öder Sandstreifen am Rand eines träge dahinziehenden Flusses. Die Tiere schoben sich durch einen abgesunkenen Paß ans Ufer heran. Plötzlich tönten Schüsse durch die Nacht. Vier der mächtigen Gestalten stürzten zu Boden. Das Knattern einer neuen Salve mischte sich in das Trompeten der entsetzten Riesen. Panik ergriff die Herde. Aber die Flucht war schwierig in dem engen Loch. Die Tiere stießen ineinander, stürzten und trampelten über ihre sterbenden Kameraden, um dann ihrerseits von den Kugeln niedergestreckt zu werden. Nur wenige entkamen und brachen in wilder Flucht durch das Unterholz. Sobald der Lärm verstummte, krochen die Wilderer aus ihrem Versteck. Mit Äxten und Macheten säbelten sie die Stoßzähne von den Kiefern der toten Elefanten und nahmen nur das Elfenbein mit. Ihr schändliches Gemetzel hielt sie den größeren Teil der Nacht beschäftigt. Dann gab der Anführer ein Zeichen. Ein Lastwagen, der in einiger Entfernung gewartet hatte, rollte heran, und die blutigen Stoßzähne wurden aufgeladen. Kurz darauf brummte der Motor auf, und der Wagen setzte sich in Bewegung; die Wilderer verschwanden mit ihrer Beute in die Nacht. Endlich verlor sich das Dröhnen in der Ferne. Die Stille hing wie ein Leichentuch über der Landschaft.

Am Morgen würden Geier über dem Schlachtfeld kreisen, wo gut dreißig Elefantenleichen hingestreckt lagen, darunter auch kleine Kälber, die noch gar keine Stoßzähne hatten. Tot. Ausgelöscht. Bald würden Fliegen über den Kadavern schwärmen. Afrikas freundliche Riesen sind wehrlos gegen moderne Waffen, und in vielen der noch verbliebenen Elefantengebiete wurden sie von organisierten Wilderern in den siebziger und achtziger Jahren dezimiert. In der Vergangenheit waren die Wilderer ebenso am Fleisch der Elefanten wie an ihren Stoßzähnen interessiert, aber Elfenbein ist so wertvoll geworden, daß sie jetzt ausschließlich hinter den Stoßzähnen her sind. Berge von Elefantenfleisch läßt man einfach verrotten. Einige Wilderer-Gangs sind mit halbautomatischen Waffen ausgerüstet, die im allgemeinen aus irgendeinem Militärarsenal stammen und auf dem florierenden Schwarzmarkt leicht zu haben sind. Andere Gangs jagen mit einer eher traditionellen Ausrüstung, wie vergifteten Pfeilen und Fallen. Einmal fand ich eine Drahtschlinge mitten in einem Nationalpark. Wenige Wochen später sah ich einen Bullen, der nur noch einen halben Rüssel hatte. Die andere Hälfte hatte er in einer Schlinge eingebüßt. In manchen Regionen vergiften die Killer Früchte oder Wasserstellen, um die Elefanten zur Strecke zu bringen, oder treiben kleine Herden mit sorgfältig kontrollierten Buschfeuern ins Verderben.

Manche Regierungen schützen die Wildtiere ihres Landes – und das schließt natürlich die Elefanten ein – mit großer Entschlossenheit. Julius

Nyerere, der erste Präsident Tansanias nach der Unabhängigkeit, machte sich zum Sprachrohr vieler afrikanischer Nationen, indem er sein Eintreten für den Schutz und die Erhaltung der afrikanischen Tierwelt in seinem berühmten Arusha-Manifest formulierte:

»Das Überleben der Tierwelt Afrikas ist für uns alle eine Angelegenheit von großer Bedeutung. Diese Geschöpfe und die Wildnis, in der sie leben, sind nicht nur eine wichtige Quelle von Ehrfurcht und Inspiration, sondern auch wesentlicher Bestandteil unserer natürlichen Ressourcen, unserer künftigen Existenzgrundlage und unseres Wohlergehens. Als Treuhänder unserer Tierwelt erklären wir feierlich, daß wir alles tun werden, was in unserer Macht steht, um sicherzustellen, daß auch unsere Kinder und Kindeskinder in der Lage sein werden, dieses reiche und kostbare Erbe zu genießen. Die Erhaltung unserer Wildtiere und ihres Lebensraums erfordert Spezialwissen, kompetente Mitabeiter und finanzielle Unterstützung, und wir rufen andere Nationen auf, sich an dieser wichtigen Aufgabe zu beteiligen, von deren Erfolg oder Mißerfolg nicht nur der afrikanische Kontinent, sondern die ganze Welt betroffen sein wird.«

Leider haben die vergangenen Jahre gezeigt, daß den guten Absichten nicht immer gute Taten folgen. Idi Amin hat den Soldaten seiner Armee erlaubt, Elefanten mit Maschinengewehren zu jagen, während »Kaiser« Bokassa in der Zentralafrikanischen Republik – vor seinem Sturz – Gesellschafter eines Unternehmens war, das enorme Profite mit dem Verkauf der Elfenbein-»Ernte« ins Ausland machte. Guerilleros in Angola, Moçambique und Äthiopien haben ihre Elefantenpopulationen dezimiert und das Elfenbein gegen Waffen eingetauscht. Manche Regierungen und Parkverwaltungen haben getan, was sie konnten, um diesen illegalen Ausverkauf der Elefanten zu stoppen. Ranger-Patrouillen und Wilderer-Banden liefern sich erbitterte Schlachten, und so mancher Wildhüter mußte sein mutiges Eintreten gegen diese Gangster, die im allgemeinen besser bewaffnet sind, mit dem Leben bezahlen. Weil das Geld fehlt, sind die Patrouillen oft schlecht ausgerüstet, doch selbst mit den besten Waffen und der besten Ausrüstung wäre es äußerst schwierig, den Guerillakrieg um das Elfenbein zu gewinnen. Die hohen Profite stellen eine unwiderstehliche Verlockung dar. Sowohl die Geschäftsinteressen, die dahinterstehen, als auch die Gebiete, in denen die Gangs operieren, sind zu ausgedehnt und viel zu schwer zu überwachen.

SCHRITTE IN DIE ZUKUNFT

Das Schicksal der Elefanten, in der Vergangenheit wie in der Zukunft, ist wesentlich von zwei Faktoren bestimmt. Der erste ist das Elfenbein, als »weißes Gold« bekannt, und sein Marktwert. Der zweite Faktor hat mit einer Reihe alarmierender Zahlen zu tun, in denen sich eine tödliche Bedrohung nicht nur der Elefanten, sondern der Tierwelt als Ganzes widerspiegelt. Die Menschheit hat mehr als eine Million Jahre gebraucht, um die Milliardengrenze zu erreichen, ein Ereignis, das vor zweihundert Jahren unbemerkt vorüberging. Die Verdoppelung auf zwei Milliarden wurde ungefähr um 1930 erreicht, also in einem Bruchteil dieser Zeit. Wenige Jahrzehnte später sah sich die Weltwirtschaft mit der Herkules-Aufgabe konfrontiert, vier Milliarden Menschen zu ernähren. Heute zählen wir nahezu sechs Milliarden Erdenbürger, und jeden Monat kommen an die zehn Millionen hinzu. Optimisten hoffen, daß das Bevölkerungswachstum knapp unter der Zehn-Milliarden-Grenze abflachen wird, eine Zahl, die vermutlich noch vor der Mitte des nächsten Jahrhunderts erreicht sein wird.

Wissenschaftler schätzen, daß zu der Zeit, als Kolumbus Amerika entdeckte, ungefähr zehn Millionen Elefanten in Afrika umhergewandert sein müssen. Gegen Ende des letzten Jahrhunderts war ihre Zahl mehr als halbiert, aber es gab immer noch mehrere Millionen Dickhäuter, die den Kontinent durchquerten. Als in den letzten Jahrzehnten dieses Jahrhunderts die Rohstoffpreise im Gefolge der Ölkrisen in die Höhe schossen, stiegen auch die Elfenbeinpreise. Gierig nach guten Dollars, die auf dem Weltmarkt zu verdienen waren, schwärmten die Wilderer in den Busch aus. Mit dem Ergebnis, daß die Elefantenpopulation Mitte der achtziger Jahre unter die Millionen-Grenze sank. Das Elfenbein-Embargo der internationalen CITES-Konferenz (Convention on International Trade in Endangered Species of Wild Fauna and Flora) setzte dem Gemetzel vorläufig ein Ende, doch unter dem Druck südafrikanischer Länder wurde das Verbot vor kurzem wieder aufgehoben. Trotz einer Handvoll neuer Vorschriften und Einschränkungen kann Elfenbein jetzt wieder legal gehandelt werden. Dennoch bleibt zu hoffen, daß ungefähr eine halbe Million Elefanten übrigbleiben, um das neue Jahrtausend zu begrüßen.

Selbstverständlich stehen die Bevölkerungszahlen beider Spezies miteinander in Beziehung. Der dramatische Einbruch der einen wurde durch das unverhältnismäßige Wachstum der anderen verursacht. Ungehemmte Vermehrung des Menschen hat nicht nur zur Entstehung von Mega-Städten wie Shanghai, Mexico City und New York geführt, sondern auch zu seiner Verbreitung über den ganzen Globus – was ihn zwang, auch die entlegensten Streifen urbaren Landes zu kultivieren. Mit der wachsenden Anzahl von Menschen, die in Afrika leben, ist die Zahl der Elefanten dramatisch zurückgegangen und ebenso die Größe des Elefantenlandes. Moderne Staaten sind in Gebieten entstanden, wo vor Jahrtausenden Elefanten das erste Netz von Trampelpfaden geschaffen haben, auf denen sich nicht nur andere Tierarten fortbewegten, sondern auch der frühe Mensch auf seinem Weg, die Welt zu erobern. Zum Glück haben einige Regierungen hier und da Teile dieses Landes für die ursprünglichen Bewohner reserviert. Heute lebt nur noch ein geringer Prozentsatz der Gesamtpopulation afrikanischer Elefanten außerhalb der Nationalparks, Reservate oder anderer geschützter Gebiete.

Doch Elefanten brauchen einen großzügigen Lebensraum, um gedeihen zu können. Die größten Landsäugetiere der Welt haben auch den größten Appetit. Ein erwachsener Elefant kann bis zu einer Vierteltonne Grünzeug pro Tag verwerten. Rechnen Sie rund hundert Liter Wasser dazu, multiplizieren Sie diese Menge mit der Anzahl der Lebewesen einer Population – im Laufe der Zeit ergibt das eine beträchtlichen Einwirkung auf die Umwelt. Eben aus diesem Grunde sind die Herden dieser riesigen Pflanzenfresser beständig auf Wanderschaft. Verweilten sie zu lange in einem bestimmten Tal oder Waldgebiet, schmölze der Vorrat an frischen Schößlingen und grünen Blättern rapide dahin. Im Idealfall sind die Weidegründe einer Population so ausgedehnt, daß die Elefanten nur den Teil des jungen Grüns abernten, der übrigbleibt, nachdem der Nahrungsbedarf anderer Grasfresser abgedeckt ist. Ansonsten würde der Pflanzenbestand reduziert, und die Wachstumsrate des Pflanzengrüns ginge zurück.

Elefanten durchstreifen riesige Gebiete, werfen hier Bäume um, reißen dort Zweige ab und rupfen unterwegs ganze Rüssel voll Gras aus. Eine gesunde Elefantenpopulation weist auf ein großes, gesundes Ökosystem hin, das Hunger und Durst dieser gewaltigen Esser auf lange Zeit stillen kann. Elefantenschutz bedeutet, ein komplettes Ökosystem und eine ausgedehnte Naturlandschaft zu schützen, bedeutet also letztlich den Schutz der afrikanischen Tierwelt schlechthin.

Die Angelegenheit weist auch einen wirtschaftlichen Aspekt auf. Die afrikanische Tierwelt – insbesondere der Elefant – ist heutzutage zunehmend in Nationalparks und bewachten Reservaten konzentriert, mit jährlich Tausenden von Besuchern aus aller Welt. Für die Tourismus-Industrie verwandelt dieser Besucherstrom das weiße Gold in das Dollaräquivalent echten Goldes. Und das ganz ohne Alchemie. Saison für Saison ziehen die Elefanten mit ihren majestätischen Stoßzähnen unzählige Bewunderer nach Afrika, wobei Millionen Dollar und andere dringend benötigte ausländische Devisen in die Wirtschaft der einzelnen Länder fließen.

Es bleibt zu hoffen, daß ein größerer Teil dieser Einkünfte aus dem Tourismus den Weg in die Dörfer am Rand der verbliebenen Wildtiergebiete findet und Schulen, medizinische Ausrüstung, Transportmittel und allgemeine Mängel der Infrastruktur mit diesen Geldmitteln verbessert werden können.

Mit entsprechenden Investitionen auf lokaler Ebene ließen sich die Dorfbewohner leichter überzeugen, daß Wildtiere, sogar Elefanten, weniger bösartige Ernteschädlinge als vielmehr wertvolle natürliche Ressourcen darstellen, die es zu schützen gilt – wenn nicht aus Ehrfurcht vor der Schöpfung, so doch aus rein wirtschaftlichen Erwägungen. Zu hoffen bleibt ferner, daß örtliche Politiker, mit den Argumenten ihrer nationalen Führer gewappnet, die von Julius Nyerere in seinem Arusha-Manifest so eindringlich artikuliert wurden (und unterstützt von den gewichtigen wirtschaftlichen Argumenten des Tourismus), zwischen ihren Völkern einen Konsens zur Unterstützung eines langfristigen Schutzes der Wildtiere im allgemeinen und der Elefanten im besonderen erreichen. In dem unablässigen Kampf rivalisierender Interessen könnten die Touristen-Dollars als regelmäßige Einnahmequelle zugunsten der Elefanten in die Waagschale fallen.

Die halbe Million Elefanten, die heute in Afrika leben, könnten ungefähr 5 Millionen Kilo Elfenbein in das nächste Jahrhundert hinübertragen. Bei einem großzügig angesetzten Preis von 100 US-Dollar pro Kilo (eine Zahl, die in der Nähe der Spitzenpreise vor dem Inkrafttreten des letzten Embargos liegt) beliefe sich der potentielle Marktwert bei einem einmaligen Totalausverkauf des gesamten afrikanischen Elfenbeins auf etwa 500 Millionen Dollar. Der Betrag mag exorbitant erscheinen auf einem Kontinent, wo viele kaum einen Dollar am Tag verdienen, doch verglichen mit den Summen, die aus der Tourismus-Industrie fließen, ist eine halbe Milliarde gar nicht so übertrieben. Nehmen wir zum Beispiel Tansania. Es gibt Länder mit weit intensiver entwickeltem Tourismus, aber in diesem ostafrikanischen Staat plant die Regierung, die Anzahl der Besucher aus Übersee in den nächsten paar Jahren auf eine halbe Million zu verdoppeln. Sollte dieses Ziel erreicht werden, würden jährlich ungefähr 500 Millionen Dollar in die Wirtschaft des Landes fließen.

Natürlich sind diese beträchtlichen Einkünfte nicht allein den Elefanten zu verdanken, doch stellen sie sicherlich einen wichtigen Faktor in der Palette touristischer Attraktionen dar, die das Safari-Business in Schwung halten. Der Tourismus ist die wachstumsstärkste Branche der Weltwirtschaft, und Afrika kann damit rechnen, daß ihm auch weiterhin ein erklecklicher Anteil davon zufließt. So gesehen könnte sich der Schutz der Elefanten als ideale volkswirtschaftliche Maßnahme erweisen. In den kommenden Jahrzehnten werden lebende Elefanten einem Land wie Tansania mehr ausländische Devisen einbringen als alles Elfenbein, das von toten Elefanten in den letzten paar Jahrhunderten erbeutet wurde, zusammengenommen. »Rettet die Elefanten« könnte sowohl als Investitions-Slogan wie als Appell an die Konsumenten in aller Welt gelten, auf den Erwerb von Elfenbein zu verzichten.

Es ist immer wieder heftig darüber diskutiert worden, ob man den Handel mit Elfenbein verbieten soll, und alle Beteiligten verfechten dabei sehr unterschiedliche langfristige Interessen. Aber dies ist ein eher kurzfristiges Problem, das sich (hoffentlich) lösen läßt, wenn man nur die Bestandszahlen der Elefanten sorgfältig überwacht. Große Herden, die in der Wildnis leben, können sich nur ins einundzwanzigste Jahrhundert hinüberretten, wenn die Regierungen der Länder, in denen sie leben, drastische Maßnahmen zu ihrem Schutz ergreifen und genügend Unterstützung bei ihrer Bevölkerung mobilisieren, um diese Maßnahmen auch durchsetzen zu können. In den meisten Fällen werden jedoch die anfallenden Kosten ein unüberwindliches Hindernis für die überlasteten Haushaltsbudgets der Entwicklungsländer darstellen.

Die Elefanten und die übrige Tierwelt Afrikas stellen ein einzigartiges Welterbe dar, auf das selbst Angehörige reicher Industrienationen einen moralischen Anspruch haben. Doch wer ein solches Recht geltend macht, sollte auch bereit sein, sich finanziell zu beteiligen. Man kann von den Entwicklungsländern kaum verlangen, allein die Kosten eines weltweiten Erbes zu bestreiten, das hauptsächlich Touristen aus wohlhabenden Ländern zugute kommt. Die meisten Afrikaner können sich keinen einzigen Besuch eines ihrer Parks leisten. Diese »Nationalparks« sollten »internationale Parks« werden: Was für den Besucherstrom schon seit langem zutrifft, muß künftig auch für die Finanzierung gelten. Viele Umweltorganisationen, wie der WWF (World Wide Fund for Nature) oder die Frankfurter Zoologische Gesellschaft, unternehmen seit Jahren große Anstrengungen zur Unterstützung der Nationalparks und ihrer Schutzprogramme. Mit Geldern aus den Umweltbudgets der Industrieländer könnten die einzelnen Hilfsmittel vielleicht zu einem Sponsoring-Netzwerk für die afrikanischen Nationalparks zusammengelegt werden.

An manchen Grenzen zwischen den erbärmlich kleinen Inseln Elefantenlandes und der modernen Welt werden Nacht für Nacht erbitterte Schlachten geschlagen. Die Farmer schützen ihre Ernten vor marodierenden Elefanten mit einem ganzen Arsenal von Abschreckungsmitteln, darunter Trommeln, Feuer und ohrenbetäubende Symphonien aus klappernden Blechbüchsen und menschlichem Stimmenlärm. Aber wenn ein Fünf-Tonnen-Bulle von diesem ganzen seltsamen Radau und Durcheinander in Panik versetzt wird und zum Angriff übergeht, gibt es nicht viel, was ihn aufhalten kann. Kein Feuer, kein Lärm, keine Steine und keine Pfeile, und auch die Vorderlader und Karabiner aus dem Ersten Weltkrieg, mit denen manche Dorfbewohner ausgerüstet sind, richten nicht viel gegen ihn aus. Es gibt Verluste auf beiden Seiten. Ganze Ernten werden in einer Nacht plattgewalzt; es gibt Tote bei den Farmern, ihren Familien, ihren Freunden zu beklagen. Auch Elefanten werden getötet. Die Farmer müssen für den Ernteausfall, den sie erlitten haben, entschädigt werden, ganz besonders, wenn die Auseinandersetzung zwischen Menschen und Elefanten mit einer Tragödie für ein Dorf oder eine Familie endet. Jede Erhaltungsstrategie, auf die sich Regierungen und internationale Körperschaften einigen, muß sicherstellen, daß man für diese Ansprüche und Bedürfnisse in der denkbar fairsten Weise aufgekommt.

Langfristig ist es vor allem das ungelöste Problem der menschlichen Bevölkerungsexplosion, das das Überleben der Elefanten bedroht.. Das letzte Jahrzehnt des ausgehenden Jahrtausends hat unter anderem einen Ölkrieg erlebt. Im nächsten Jahrhundert, in dem sich die Weltbevölkerung noch einmal verdoppeln wird, werden wahrscheinlich Kriege um eine noch weit lebenswichtigere Ressource geführt werden: Wasser. Die Tiere, vor allem die großen und insbesondere die Elefanten, die jetzt in den Nationalparks, Reservaten und anderen noch verbliebenen Wildnisgebieten geschützt werden, könnten leicht diesen Kriegen und Unruhen zum Opfer fallen oder auch einfach der verzweifelten Landsuche hungriger Menschen.

Bekommt die Menschheit diese Explosion nicht mit der ihr eigenen Intelligenz und Erfindungsgabe unter Kontrolle, wird die Lage prekär. Es versteht sich von selbst, daß unter solchen Bedingungen die Elefanten von heute bald zur Legende von morgen würden. Diese friedfertigen, wunderbar bizarren Riesen, die sich über einen Zeitraum von fünfzig Millionen Jahren hinweg entwickelt haben, die nun so hoffnungslos veraltet und von den modernen Zeiten überrollt wirken, können als ein ausgezeichneter und nicht so leicht übersehbarer Indikator für unsere Fähigkeit dienen, dieses dringendste aller Probleme zu lösen.

AFRIKAS ELEFANTEN

Afrikanische Elefanten können ihre Umgebung leicht einschüchtern, besonders wenn sie sich bedrohlich zusammenrotten. Große Bullen haben keine natürlichen Feinde zu fürchten, und so reicht eine Drohgebärde normalerweise aus, um Tiere zu vertreiben, die es wagen, diese Riesen zu belästigen. Dennoch schließen sie sich zu Herden zusammen und zeigen manchmal Zeichen von Unsicherheit und Furcht. Elefantenkühe werden sehr aufgebracht, wenn sie Gefahr für ihre Kälber wittern, und sind stets wachsam und bereit, sie zu verteidigen.